1. Wassermann
2. Fische
3. Füllen
4. Pegasus
5. Walfisch
6. Adler
7. Delphin
8. Eidechse
9. Andromeda
10. Dreieck
11. Widder
12. Stier
13. Pfeil
14. Fuchs
15. Schwan
16. Kepheus / Cepheus
17. Kassiopeia
18. Perseus
19. Fuhrmann
20. Orion
21. Schlange
22. Leier
23. Giraffe
24. Herkules
25. Drache
26. Kleiner Bär
27. Zwillinge
28. Einhorn
29. Schlangenträger
30. Nördliche Krone
31. Großer Bär
32. Luchs
33. Kleiner Hund
34. Schlange (westlicher Teil)
35. Bärenhüter
36. Jagdhunde
37. Kleiner Löwe
38. Krebs
39. Haar der Berenike
40. Löwe
41. Wasserschlange
42. Jungfrau

Traudi Reich

DIE REISE ZU DEN STERNEN

Sagen und Mythen der Sternbilder

Mit vielen Bildern von
Cathleen Wolter

VORWORT

Habt ihr je darüber nachgedacht, dass wir alle mindestens ein Drittel unseres Lebens verschlafen und es in der Zeit Nacht ist? Ist es da nicht seltsam, wie wenig wir über den Nachthimmel wissen? Aus dem Grund habe ich dieses Buch geschrieben. Es ist nicht nur für Kinder gedacht, sondern für alle, die sich für den nächtlichen Himmel mit seinen Sternbildern und Planeten interessieren.
Die Hauptperson der Geschichte ist Pavlos. Er lebt in Griechenland mit seiner Mutter und seinem Großvater Nikolaos. Sein Vater ist gestorben, als Pavlos noch ein kleiner Junge war. Nikolaos will, dass Pavlos einmal die Schule besucht, was in früheren Zeiten durchaus nicht selbstverständlich war. Lesen und Schreiben hat er ihm schon beigebracht. Und da gibt es auch den alten Professor Stefanides. Stefanides hat Pavlos und Nikolaos seine große Bibliothek zur Verfügung gestellt, die auch einen Sternenatlas enthält. Nikolaos erzählt nun seinem Enkel Pavlos alles über den Himmel und die antiken Sternenbilder des Ptolemäus. Pavlos hört zum ersten Mal von den Legenden, die sich von alters her um die Entstehung der Sternbilder und ihren mythologischen Hintergrund ranken.

Die Geschichten der wichtigsten Sternbilder beginnen auf den folgenden Seiten:

Zu jeder mythologischen Darstellung gehört auch ein astronomisches Sternbild. Darauf findet ihr die mit griechischen Buchstaben bezeichneten Hauptsterne. Da das griechische Alphabet mit Alpha (α) beginnt, ist auch der hellste Stern eines Sternbildes mit dem Zeichen α versehen. Danach kommen in der Reihenfolge der Helligkeit Beta (β), Gamma (γ), Delta (δ), Epsilon (ε) und so weiter.

Weil die Erde nahezu eine Kugel ist, kann man nicht von jedem Punkt aus dieselben Sterne sehen. Eine wesentliche Trennungslinie ist der Himmelsäquator, der das Firmament in eine nördliche und eine südliche Hälfte scheidet. Vorn im Buch findet ihr die Darstellung des nördlichen Sternenhimmels, am Schluss des Buches den südlichen Sternenhimmel.

DER BESUCH BEI STEFANIDES

„Einmal im Jahr, an einem ganz bestimmten Tag, zu einer ganz bestimmten Stunde kann man, so sagt eine alte Geschichte, auf einem Mondstrahl in den Himmel steigen“, erzählte der alte Nikolaos seinem Enkel Pavlos an einem Winterabend, als sie gemeinsam vom Schafehüten nach Hause kamen.
Pavlos, der die Geschichten seines Großvaters liebte, fragte: „Wenn einer hinaufsteigt, kommt er dann auch wieder zurück?“
„Manche, sagt man, kommen zurück!“
Pavlos aber wollte wissen, was mit jenen wäre, die nicht mehr zurückkommen. „Wo bleiben denn die?“
„Das weiß ich nicht“, antwortete der alte Nikolaos nachdenklich. „Vielleicht werden sie zu Sternen? Die anderen Sterne sind ja auch Menschen gewesen – oder Tiere!“
Pavlos sah den Großvater erstaunt an. „Du meinst wirklich, dass die Sterne Menschen und Tiere waren, die früher schon einmal auf der Erde gelebt haben?“
„Nicht die Sterne, aber die Sternbilder“, sagte der Großvater. „Da oben zum Beispiel ist die Kassiopeia, und dort sind Perseus und Andromeda.“
Pavlos, der nur blitzende Lichter am Himmel sah, staunte. „Und die hast du alle gekannt?“
Da lachte Nikolaos. „Nein! Aber es heißt, sie hätten vor vielen, vielen Jahren auf der Erde gelebt und wären nach ihrem Tod in den Himmel versetzt worden, wo sie in Sternbilder verwandelt wurden.“
„Nach Menschen sehen sie aber gar nicht aus.“
„Das stimmt“, erwiderte der Großvater, „aber mehrere Sterne zusammen ergeben ein Sternbild, und wenn man genau hinsieht, erkennt man die

Umrisse eines Menschen oder eines Tieres. Und die Millionen kleiner Sternchen, die du dort in einem weißen Band siehst, das ist die Milchstraße."
„Wirst du mir das alles noch genauer erklären, Großvater?"
„Wenn der Mond nicht zu hell ist, werde ich dir alles erklären. Wenn der Mond nämlich zu hell ist, lässt er die Sterne blass erscheinen. Komm, es wird schon finster, wir müssen nach Hause."
Zu Hause wartete die Mutter mit dem Abendessen. Später schlich Pavlos zum Bett des Großvaters und flüsterte: „Du hast vergessen mir zu sagen, an welchem Tag im Jahr man auf einem Mondstrahl in den Himmel steigen kann!"
Da sagte der Großvater, schon halb im Schlaf: „Ich glaube, es ist in einer Vollmondnacht mitten im Winter!" Enttäuscht ging Pavlos zurück ins Bett. Am nächsten Tag fiel ihm die Geschichte mit dem Mondstrahl wieder ein. Er dachte lange darüber nach, ob jeder da hinaufsteigen konnte oder nur gute Menschen oder nur gescheite Menschen, oder vielleicht nur Menschen, die auch wirklich daran glaubten. Darüber konnte ihm der Großvater gar nichts sagen. Pavlos wollte wissen, ob der Großvater auch alle Geschichten der Menschen wüsste, die jetzt Sterne waren, und der meinte, dass er fast alle wüsste. Sollte er aber einige nicht kennen, gäbe es im Dorf einen alten Mann, der ihnen helfen könnte. „Der alte Stefanides ist ein weiser Mann!", sagte Nikolaos. „Vielleicht zeigt er dir auch eine Sternenkarte, auf der alle Sterne aufgezeichnet sind, mit ihren Namen."
„Wer ist der alte Stefanides?"
„Niemand weiß es genau. Eines Tages kam er ins Dorf, das ist jetzt schon viele Jahre her, in einer großen Kutsche. Aus der Kutsche sprangen vier Männer und halfen ihm. Er soll einen großen Koffer mit vielen, vielen Büchern getragen haben. Die vier Männer begannen, ein Haus zu bauen. Er muss viel Geld gehabt haben, denn es wurde das schönste Haus im

Dorf. Nach ein paar Tagen kam wieder eine Kutsche, Kisten und Koffer wurden ausgeladen. Die Leute im Dorf dachten, er hätte die Koffer voll Geld, aber es waren nur Schriften und Bücher. Danach sah man Stefanides wenig. Er saß in seinem Haus und las. Heute muss er mindestens neunzig, wenn nicht hundert Jahre alt sein. Und alle meine Geschichten habe ich von ihm, ich war viele Jahre lang sein Schüler. Heute bin ich auch alt, aber alles habe ich vom alten Stefanides gelernt, denn ich bin nie in eine Schule gegangen."

Damals in Griechenland, wo Pavlos und seine Familie zu Hause waren, und das ist schon lange her, konnte nicht jeder in die Schule gehen. Erstens gab es noch wenige Schulen, schon gar nicht in kleineren Orten, und zweitens musste einer schon etwas wissen, sonst wurde er gar nicht erst aufgenommen. Wenn man also in die Schule gehen durfte, war das eine wunderbare Sache.

Pavlos hatte den alten Stefanides nie zu Gesicht bekommen. Man sagte, er sei sehr krank und könne das Bett nicht mehr verlassen. „Glaubst du, dass ich ihn vielleicht auch einmal besuchen kann?"

„Sicher", antwortete Nikolaos, „er ist ein guter und weiser Mann, und er hat Kinder immer sehr gerne gemocht!"

Als die beiden mit ihren Schafen über die Hügel wanderten, dachte Pavlos über alles nach, was er gehört hatte. „Vielleicht", dachte er, „weiß der alte Stefanides, an welchem Tag im Jahr man auf einem Mondstrahl in den Himmel steigen kann."

Am folgenden Tag ging der Großvater nicht mit Pavlos Schafe hüten, sondern stieg den langen Weg zum Dorf hinunter. Stefanides freute sich, dass Nikolaos ihn besuchte, und noch mehr freute er sich, als er hörte, dass sich der kleine Pavlos so sehr für die Sterne interessierte. „Du weißt, Nikolaos, das war immer mein Steckenpferd! Bring ihn nur mit!", krächzte er.

Am nächsten Tag übernahm es die Mutter, die Schafe auf die Weide zu führen. Als der Großvater mit Pavlos im Dorf ankam, machten ihnen alle, die vor Stefanides' Haus standen, Platz, so als wären die beiden wichtige Gäste. Im Haus war ein großes Zimmer, rundherum standen Bücher. Pavlos hatte noch nie so viele Bücher gesehen! In der Mitte des Zimmers aber war ein großes Himmelbett, und darin saß ein sehr alter Mann, der sie zu sich winkte. „Hör zu", sagte Stefanides schnell, als wäre er in großer Eile. „Hör gut zu, mein Kind! Das Wichtigste im Leben ist das Wissen. Nichts bist du, wenn du nichts weißt! Merk dir das eine: Lernen muss man, immerfort lernen, denn nur so erwirbt man sich Wissen. Lesen kannst du ja schon, nehme ich an. Das hat dir sicher Nikolaos beigebracht, stimmt's?" Pavlos nickte eifrig. „Dann gebe ich dir ein Buch über die Sterne. Nikolaos kennt es, ich habe ihm oft daraus vorgelesen. Und eines Tages wirst du alle Sterne finden." Stefanides wandte sich an Nikolaos und zeigte ihm eine bestimmte Stelle im Bücherregal. „Siehst du", sagte er, „dieses Buch ist voller wunderbarer Bilder und Sternkarten. Ich schenke es dir, Pavlos. Gib gut darauf acht, es ist ein seltenes Buch!"
Pavlos nahm das Buch in die Hände, beugte sich tief zu Stefanides hinunter und fragte leise: „Weißt du etwas von dem Mondstrahl, auf dem man einmal im Jahr in den Himmel steigen kann?"
Stefanides nickte, lächelte ein wenig und sagte leise: „Ja, ja, das soll so sein, das habe ich auch gehört, in der Neujahrsnacht soll es sein, in der Nacht vom einunddreißigsten Dezember zum ersten Januar, ein Meteor …" Stefanides legte den Kopf zurück. Das Sprechen hatte ihn müde gemacht, aber als Pavlos gehen wollte, hielt ihn der alte Mann am Ärmel zurück. „Pavlos", sagte er mit schwacher Stimme, „von den Sternen kann man viel lernen. Jahrzehntelang habe ich sie studiert. Merk dir eines: Man kann lernen, wie klein wir sind, aber man kann auch lernen, wie groß wir sind,

wenn wir nur wollen! Das mit dem Mondstrahl ist vielleicht nur ein Märchen, aber die Sterne und Planeten, die sich immerfort am Himmel bewegen, das ist alles wahr. Du kannst alles in diesem Buch finden, und Nikolaos wird dir helfen. Da gibt es Sonnen und Monde und Sterne, die wir nie sehen können, weil sie zu weit entfernt sind …" Stefanides war nun vom Sprechen so ermattet, dass er sich zurücklegte und gleich darauf eingeschlafen war.

Auf leisen Sohlen schlichen Nikolaos und Pavlos aus dem Zimmer. Pavlos war seltsam zumute. Stefanides hatte zu ihm gesprochen, als wären sie immer schon Freunde gewesen. Langsam gingen der Großvater und Pavlos den Berg hinauf, und keiner sprach ein Wort. Es war schon dunkel, der Himmel war klar und voller Sterne. Ganz plötzlich schoss ein leuchtender Meteor über sie hinweg und verlosch in der Finsternis. „Wie schön!", rief Pavlos und dachte: „Am einunddreißigsten Dezember! Das ist gar nicht mehr so lange hin, nur noch einen Monat! Ob es vielleicht doch kein Märchen ist?"

„Siehst du", sagte der Großvater, „das war eine Sternschnuppe. Dabei darf man sich etwas wünschen!" Da wünschte sich Pavlos, dass er auf dem Mondstrahl in den Himmel steigen und alle Sterne aus nächster Nähe betrachten könnte. Als sie zu Hause ankamen, schlüpfte er ohne Abendessen ins Bett.

Die Mutter fragte den Großvater, ob der Bub denn krank wäre, weil er nichts essen wollte. „Nein", sagte Nikolaos, „er ist nur müde, und vielleicht hat er auch das Buch mit ins Bett genommen, das ihm Stefanides gegeben hat."

„Ein Buch hat er bekommen?", fragte die Mutter. „Ein feiner, guter Mann, der alte Stefanides, obwohl viele sagen, es wäre etwas Unheimliches an ihm!"

„Was für ein Geschwätz", erwiderte der Großvater böse. „Das sagen sie nur, weil sie weder lesen noch schreiben und sich nicht vorstellen können, dass ein Mensch mit seinen Büchern allein glücklich sein kann. Wenn ich Pavlos dahin gebracht habe, dass er mit Vergnügen lernt, wird er es weit bringen. Ich war noch nicht mutig genug, von hier wegzugehen und ein neues Leben in der Stadt zu versuchen, aber Pavlos wird es sicher tun. Wenn du wüsstest, was er mich alles fragt auf unseren Wanderungen! Wenn er erst in die Schule kommt, wirst du schon sehen, wie weit er kommt!"

Pavlos' Mutter war nicht froh darüber, dass der Großvater darauf bestand, Pavlos in die Schule zu schicken. Wer würde dann die Schafe hüten? Wer würde ihr Gesellschaft leisten? Aber der Großvater hatte immer eine Antwort: „Ich bin schließlich auch noch da, und so alt bin ich nicht, dass ich nicht auch die Schafe noch hüten könnte! Ich nehme mir eben einen Jungen aus dem Dorf, der mir helfen kann."

Und damit musste sich die Mutter zufriedengeben. Pavlos' Vater war sehr früh gestorben, und so lag die Last der Schafwirtschaft in den Händen der Mutter, das Scheren, das Melken, das Käsemachen und der Verkauf der jungen Schafe im nächsten Ort. Es war ein schweres Leben, aber Pavlos sollte es einmal besser haben.

Am nächsten Tag war Pavlos früh wach, und beim Frühstück erzählte er der Mutter alles, was sich beim alten Stefanides zugetragen hatte. Die Mutter sah Pavlos an, wie sehr er sich über den Besuch gefreut hatte, und sagte nicht, dass sie gehört hatte, der alte Stefanides würde bald, sehr bald sterben.

Der Großvater fragte Pavlos, als sie später über die Hügel wanderten, ob er das Buch schon angeschaut habe, und Pavlos antwortete: „Ja, aber du darfst es der Mutter nicht sagen, sie erlaubt es nicht, dass ich im Schlafzimmer die Kerze brennen lasse."

Der Großvater sagte streng: „Es ist auch wirklich gefährlich. Stell dir nur einmal vor, wenn die Decke zu brennen anfinge!"
„Ich werde es nicht mehr tun", erwiderte Pavlos, „aber ich war so neugierig. Viel habe ich nicht verstanden, aber jetzt weiß ich, was du gemeint hast mit deinen Erzählungen. Da sind nämlich ein paar wunderschöne Bilder im Buch, die zeigen, wie man Figuren erkennen kann, wenn man weiß, welche Sterne zusammengehören."
„Und wenn man erst die Geschichte dieser Menschen und Tiere kennt, kann man sich noch mehr an allem freuen. Hat dir Stefanides sagen können, an welchem Tag man auf dem Mondstrahl in den Himmel steigen kann?"
Pavlos dachte ein wenig nach, ob es vielleicht ein Geheimnis war, das er dem Großvater nicht sagen sollte, aber dann entschloss er sich doch, darüber zu reden. „Stefanides ist nicht sicher, ob nicht alles nur ein Märchen ist, aber er meinte, es wäre möglich in der Nacht vom einunddreißigsten Dezember zum ersten Januar. Er sagte nur: ‚Ein Meteor', und dann war er zu müde, um weiterzusprechen."
Nikolaos erwiderte: „Wenn die Nächte sehr klar sind, kann man oft Sternschnuppen sehen, die man auch Meteore nennt. Manche fallen auf die Erde, und dort, wo sie aufprallen, entstehen große Löcher; andere wieder fallen ins Weltall, vielleicht auf andere Sterne oder Planeten."
„Was ist ein Planet?"
„Wenn wir nach Hause kommen, schauen wir uns das Buch an, da finden wir vielleicht eine Zeichnung, die dir das erklärt. Es ist sehr schwer, sich das alles vorzustellen, weil wir doch so klein sind und das Weltall mit Millionen Sonnen, Monden und Sternen so unermesslich groß!"
„Glaubst du, Großvater, dass jemandem schon eine Sternschnuppe auf den Kopf gefallen ist?"

Nikolaos lachte. „Das kann man nicht wissen. Ich jedenfalls habe noch nie etwas davon gehört! Aber es ist nicht ausgeschlossen. Der Arme sitzt dann jetzt irgendwo mitten in der Erde und fragt sich verwundert, wie er dorthin gekommen ist!" Sie lachten beide.
„Was ist denn mitten in der Erde, Großvater?"
„Man sagt, dort ist alles noch glühend heiß. Es gibt Berge, die Feuer speien, und dieses Feuer kommt direkt aus der Mitte der Erde."
Pavlos dachte nach, wie so ein Feuer speiender Berg wohl aussehen könnte. Davon hatte er noch nie gehört. „Gibt es bei uns einen Feuer speienden Berg?"
„Soviel mir bekannt ist, nicht", sagte Nikolaos.
Am Abend saßen die beiden über dem Sternenbuch. Was es da alles zu sehen gab! Die Erde war nur ein kleiner runder Ball neben der riesigen Sonne. Dann waren Kreise um die Sonne gezogen, und der Großvater zeigte mit kleinen Geldstücken, wie sich die Erde um sich selbst und um die Sonne bewegte. „Die Erde ist aber doch so groß, dass man immer nur ein kleines Stückchen davon sehen kann", dachte Pavlos, „so weit ich auch gehe, hinter jedem Hügel ist noch einmal ein Hügel, und so geht es weiter, immer weiter."
„Wo ist das Ende der Welt?", wollte Pavlos wissen.
„Wenn du die Erde meinst, dann kann man sagen, sie hat kein Ende. Schau dir einmal diesen Ball an." Der Großvater zerknüllte ein Stück Papier, das auf dem Tisch lag, und formte eine Kugel daraus. „Also, wo fängt die Kugel an, und wo hört sie auf?"
Pavlos sah sich das einen Moment an und erwiderte: „Sie fängt überall an, und sie hört überall auf!"
„Siehst du!" Nikolaos lachte. „So einfach ist das gar nicht!" Pavlos wollte wissen, ob man von der Erde herunterfallen könnte, und der Großvater sagte: „Gott sei Dank, das geht nicht, die Erde hält uns fest."

DER GROSSE UND DER KLEINE BÄR

„Es ist Neumond", erklärte Nikolaos am nächsten Tag beim Frühstück, „heute wird es eine schöne Sternennacht geben!"
„Sag, Großvater", bat Pavlos, „kannst du mir heute Abend schon ein Sternbild zeigen?"
„Natürlich, sobald die Schafe im Stall sind, ziehen wir uns warm an und gehen zusammen vor die Tür. Dort setzen wir uns auf den alten Baumstumpf. Da hat man einen freien Blick."
Der Tag schien so langsam zu vergehen wie noch nie. Aber der Abend war ganz klar, und die Sterne funkelten, als die Herde nach Hause getrieben wurde. Pavlos beeilte sich mit dem Abendessen, er war schon neugierig auf die Geschichte des Großvaters.
Als sie vor der Tür saßen und zum Himmel hinaufschauten, erklärte Nikolaos: „Am leichtesten ist der Große Wagen zu finden!" Er zeigte Pavlos die Deichsel und die vier Sterne des Wagens.
Pavlos wollte wissen, ob man in dem Wagen fahren könne, der Großvater aber meinte, das ginge sicher nicht. „Schade", sagte Pavlos, „ich könnte sonst damit auf der Milchstraße fahren!"
Nikolaos wollte wissen, ob sich Pavlos erinnere, wo die Milchstraße am Himmel zu finden sei. Da schaute Pavlos angestrengt hinauf zum Firmament und entdeckte schließlich das weiße Band von Sternen, das sich quer über den Himmel zog. „Bravo", sagte der Großvater, „und jetzt zeig mir noch einmal den Großen Wagen." Da deutete Pavlos auf die Deichsel und den viersternigen Wagen.
„Falsch", rief der Großvater, „das ist der Kleine Wagen! Er ist nur etwas kleiner, wie der Name schon sagt. Jetzt dreh dich etwas nach links, und du findest den Großen Wagen wieder."

Pavlos betrachtete den Kleinen und den Großen Wagen ganz genau, damit er sich einprägte, wo die beiden zu finden waren. „Und von welchem wirst du mir heute die Geschichte erzählen? Vom Kleinen oder vom Großen Wagen?“

„Von beiden“, antwortete der Großvater, „es ist ein und dieselbe Geschichte. Diese Sternbilder haben auch einen zweiten Namen. Der Große Wagen ist Teil eines viel größeren Sternbildes, das Großer Bär heißt, der Kleine Wagen heißt auch Kleiner Bär. Und als Bären sind die beiden auch an den Himmel gekommen.“

„Wie kommt denn ein Bär an den Himmel?“

„Vor langer, langer Zeit glaubten die Menschen noch an viele Götter und dachten, die lebten auf dem Berg Olymp. Da gab es den Götterkönig Zeus und seine Frau Hera. Dann die Kinder des Zeus: Hephaistos, den Gott der Schmiedekunst und der Künstler unter den Göttern, Ares, den Gott des Krieges, den Sonnengott Apoll, die Göttin der Schönheit, Aphrodite, und deren Sohn Cupido, Gott der Liebe, die Göttin der Weisheit, Athene, Artemis, die Göttin der Jagd, den Götterboten Hermes, Dionysos, den Gott des Weines und der Fröhlichkeit, und Pan, den Gott der Wälder und der Felder. Zeus hatte auch Brüder. Mit Hades, dem Gott der Unterwelt, und Poseidon, dem Gott des Meeres, teilte er sich die Welt.

Später verehrten die Römer die gleichen Götter, aber sie gaben ihnen römische Namen: Jupiter für Zeus, Juno für Hera, Vulkan für Hephaistos, Mars für Ares, Apollo für Apoll, Venus für Aphrodite, Eros für Cupido, Minerva für Athene, Diana für Artemis, Merkur für Hermes, Bacchus für Dionysos, Pluto statt Hades und Neptun statt Poseidon.

Es sind die römischen Namen, die Eingang in die Himmelskunde gefunden haben. Neben diesen gab es noch zahlreiche Halbgötter, die die Natur bewohnten und meistens einem Gott oder einer Göttin zu dienen hatten. Manche von ihnen waren sterblich, manche aber unsterblich."
„Das kann ich mir nicht alles auf einmal merken!", sagte Pavlos.
Der Großvater meinte, diese Götter kämen in den Geschichten oft vor, und so würde er sich langsam an ihre Namen gewöhnen. „Wenn den Menschen Übles passierte, war es eben die Schuld der Götter. Man hatte diesen oder jenen Gott, ohne es zu wissen, vielleicht beleidigt. Also befragte man das Orakel oder einen Wahrsager. Ging aber alles gut, durfte man auch nicht vergessen, den Göttern Dank zu sagen, Blumen in ihre heiligen Tempel zu tragen oder sonstige Opfer für sie zu bringen.
Manchmal waren es auch Menschen, die geopfert wurden, wenn man einen Gott besänftigen wollte. Wälder und Wiesen, die Bäche und das Meer waren voll von Halbgöttern, die manchmal Schabernack trieben und sich einen Spaß daraus machten, die Menschen in die Irre zu führen. Dann gab es noch Seejungfrauen, die halb Mensch und halb Fisch waren, und schließlich die Zentauren. Von allen Ungeheuern der alten Sagen waren die Zentauren die interessantesten, glaube ich. Immer wieder findet man Bilder von ihnen. Sie waren Menschen bis zu den Hüften, und der andere Teil des Körpers war der eines Pferdes. Chiron war der gescheiteste der Zentauren.
Die Menschen hatten das Gefühl, dass sie ganz und gar von der Laune der Götter und Halbgötter abhängig waren. Es war eine Zeit, in der man noch wenig von der Welt wusste, und nur weise Leute konnten lesen und schreiben. Von der Erde glaubte man, dass sie eine flache Scheibe sei und dass unser Griechenland in der Mitte läge. Der Fluss Ozean, so glaubten sie, floss um die Erde herum. Und dazwischen lag das Meer, das wir heute

Mittelmeer nennen. In der Mitte des Landes aber stand der Berg Olymp, auf dem die Götter wohnten. Und an dessen Fuß war das Orakel von Delphi. Man glaubte auch, dass es in dem Fluss Ozean die Inseln der Seligen gäbe, auf denen Menschen lebten, die die besondere Gunst der Götter genossen."

„Wenn aber die Erde eine flache Scheibe war, konnte man doch hinunterfallen", sagte Pavlos.

„Sicher hätte man das gekonnt", erwiderte der Großvater, „aber keiner ist je bis ans Ende gekommen. Und die Geschichte sagt darüber nichts. Aber für heute ist's genug, mir fallen schon die Augen zu. Mit diesen vielen Göttern sind wir jetzt noch nicht bis zur Geschichte der Bären gekommen, das machen wir morgen."

Als sie am nächsten Abend wieder vor der Tür saßen, zeigte der Großvater Pavlos noch einmal den Großen und den Kleinen Bären und erzählte: „Der Götterkönig Jupiter ging einmal in seinem Garten spazieren. Da sah er eine wunderschöne Dame und fing an, ihr zu schmeicheln. Er habe noch nie so etwas Schönes wie sie gesehen, sagte er und brachte ihr herrliche Geschenke. Die Götterkönigin Juno aber, deren Dienerin die schöne Dame war, wurde eifersüchtig und böse. Weil die Götter und Göttinnen Zauberkräfte hatten, verwandelte sie die Dienerin in einen Bären. Das arme Tier war aber nur äußerlich ein Bär geworden. Im Inneren war es so zart und liebevoll geblieben wie zuvor, hatte Angst vor anderen wilden Tieren und aß nur Beeren und Wurzeln.

Eines Tages traf die Bärin mitten im Wald auf einen jungen Jäger, der mit Pfeil und Bogen durch die Wälder streifte – ihr eigener Sohn. ‚Jetzt', dachte sie, ‚wird er mich, seine Mutter, erschießen!' Der Götterkönig aber, der hinter einer Wolke alles mitangesehen hatte und der auf seine Frau sehr böse war, weil sie ihre schönste Dienerin in einen Bären verwandelt hatte, verzauberte eins, zwei, drei auch den Sohn in einen Bären und versetzte beide als Sternbilder an den Himmel, wo sie die Rache der Juno nicht mehr erreichen konnte. So wurde aus der Mutter der Große Bär, und der Sohn wurde in den Kleinen Bären verwandelt."

„Der eine Stern im Kleinen Bären blitzt besonders hell!", sagte Pavlos.

„Ja", bestätigte der Großvater, „das ist der wichtigste Stern am Sternenhimmel, der Polarstern. Du findest ihn immer an derselben Stelle, während sich die anderen Sterne am Himmel scheinbar bewegen. Man nennt den Platz, an dem der Polarstern steht, auch den Himmelspol oder die Mitte unseres Himmels. Schau dir den Großen Wagen an. Siehst du am Ende rechts die letzten zwei Sterne?" Als Pavlos sie gefunden hatte, sprach der Großvater weiter. „Stell dir vor, du gehst diesen zwei Sternen in einer Linie nach wie auf einer geraden Straße. Weiter, immer weiter, wohin kommst du da?"

„Zum Polarstern", rief Pavlos.

„Stimmt. Siehst du, jetzt kennst du schon zwei wichtige Sternbilder!"

Glücklich erzählte Pavlos der Mutter alles, was er gelernt hatte. Verwundert hörte sie zu. Und als sie ihm einen Gutenachtkuss gab, sagte sie stolz: „Dein Vater würde sich freuen, wenn er jetzt da wäre!"

Da antwortete Pavlos: „Vielleicht sitzt er oben auf der Milchstraße und hat alles mitangehört!"

Am nächsten Nachmittag zogen große, dunkle Wolken auf, und am Abend donnerte und blitzte es. Der Großvater und Pavlos kamen gerade noch mit trockener Haut nach Hause. „Schade", sagte Pavlos, „dass wir heute Abend die Sterne nicht sehen können, ich habe mich schon so darauf gefreut."

Der Großvater aber tröstete ihn: „Dafür schauen wir uns das Buch an, da finden wir alles, was du gestern gesehen hast." Als sie später beisammensaßen, versuchte Pavlos auf einer großen Karte, die im Buch gefaltet lag und

auf der viele, viele Sterne eingezeichnet waren, den Großen und den Kleinen Wagen zu finden. Am Himmel war es leichter gewesen. Endlich entdeckte Pavlos den Großen Wagen. „Also", sagte der Großvater, „wie findest du jetzt den Kleinen Wagen mit dem Polarstern?" Da erinnerte sich Pavlos an die letzten zwei Sterne des Großen Wagens, und gleich darauf hatte er den Polarstern gefunden. Der Großvater nahm eine andere Karte aus dem Buch, auf der alle Planeten eingezeichnet waren. „Jetzt kann ich dir auch die Planeten zeigen", sagte er. „Auf diesem Bild siehst du lauter Kreise. Wenn du genau hinsiehst, ist auf jedem Kreis ein Himmelskörper gezeichnet. Das in der Mitte ist die Sonne. Und diese anderen runden Gebilde sind die Planeten. Die Kreise sind die Wege, die sie um die Sonne beschreiben. Der erste Kreis, der kleinste, ist die Strecke, die der Merkur um die Sonne zurücklegt. Auf der zweiten Bahn folgt die Venus. Der dritte Kreis sind wir, die Erde."
„Sind wir denn ein Planet?"
„Ja, Pavlos, die Erde ist ein Planet. Die Sonne aber ist ein Stern. Der vierte Planet, noch weiter von der Sonne entfernt, ist Mars, der fünfte dann Jupiter und der sechste Saturn. Das sind nur die Planeten, die wir mit freiem Auge sehen können. Ein Planet ist ein wandernder Stern. Während die Sonne und die anderen Sterne sich am Himmel nicht bewegen, ziehen die Planeten bestimmte Bahnen um die Sonne. Auf diesem Bild ist es so dargestellt, als wäre der Himmel eine flache Scheibe. Man muss ihn sich aber wie eine halbe Kugel vorstellen. Am Rand siehst du dieses große breite Band, auf dem einige Sternbilder eingezeichnet sind."
„Ja", bestätigte Pavlos, „da sind der Löwe, der Krebs, die Zwillinge, der Stier, der Widder, die Fische, der Wassermann, der Steinbock, der Schütze, der Skorpion, die Waage und die Jungfrau."
„Die Sterne, die diese Sternbilder ergeben, sind Fixsterne, das heißt, sie

stehen fest an ihrer Stelle im Weltall und bewegen sich nicht", erklärte der Großvater. „Nur weil sie immer an derselben Stelle stehen, ergeben sie ja die Sternbilder. Nun wirst du aber herausfinden, dass die Sternbilder im Lauf der Nacht wandern, von einer Seite des Himmels zur anderen. Und im Frühjahr stehen sie an einer anderen Stelle als im Sommer, Herbst oder Winter. Aber es sind nicht die Sternbilder, die wandern, ihre Sterne bleiben fest am selben Ort. Unsere Erde dreht sich um ihre eigene Achse, und zwar in 24 Stunden einmal ganz herum. Wir drehen uns mit ihr, und so sehen wir die Sterne und Sternbilder ständig an uns vorüberziehen."
„Ist das so, wie wenn man in einem Wagen fährt?", rief Pavlos. „Dann zieht auch alles an einem vorüber, obwohl sich nur der Wagen bewegt."
„Genau so ist es. Dennoch wirst du innerhalb der Sternbilder auch Himmelskörper sehen, die vorher nicht da waren. Das sind die anderen Planeten. So wie unsere Erde bewegen sie sich selbst in großen Bahnen um die Sonne. Dabei ziehen sie an den fixen Sternbildern vorbei, und wir sehen sie mal in diesem, dann im nächsten Sternbild auftauchen. Nehmen wir an, du weißt schon genau, wo am Himmel der Wassermann ist. Eines Abends siehst du hinauf und bemerkst einen hellen, leuchtenden Stern, der vorher nicht da war. Was denkst du dann?"
Pavlos sah sich noch einmal die Zeichnung an. „Dass es vielleicht ein Planet ist?"
„Sehr richtig", erwiderte Nikolaos, „der hellste von allen diesen Planeten ist die Venus, weil sie uns auch am nächsten ist und man sie deshalb am leichtesten bemerkt. Ihre Laufbahn erkennt man daran, dass sie manchmal der erste Stern ist, den man am Himmel erblickt, und manchmal der letzte. Darum nennen wir sie einmal den Morgen- und einmal den Abendstern."
Da staunte Pavlos. „Und wir bewegen uns genauso im Kreis?"

„Ja“, sagte Nikolaos, „und dann gibt es noch die Planeten, die so weit von der Erde entfernt sind, dass man sie kaum sieht: Uranus und Neptun. Was fällt dir auf an diesen Planetennamen, Pavlos?“

„Dass die Planeten die Namen der alten Götter tragen. Aber wer waren Saturn und Uranus? Von ihnen hast du mir noch nichts erzählt.“

„Du musst wissen, dass Jupiter der Sohn von gewaltigen Riesen war, die Titanen genannt wurden. Sein Vater war Saturn, seine Mutter hieß Rhea. Diese Riesen waren ein wildes Geschlecht, und man sagt, dass Saturn damit begonnen hätte, seine eigenen Kinder aufzufressen. Jupiter allein entkam, und es gelang ihm mit Hilfe eines Zaubertrankes, den er seinem Vater gab, ihn dazu zu zwingen, die verschlungenen Kinder wieder auszuspeien. Danach erhoben sich Jupiter und seine Brüder gegen die Titanen und vertrieben sie aus dem Olymp.“

„Und wer war Uranus?“, fragte Pavlos.

„Da müssen wir in der Göttergeschichte noch weiter zurückgehen. Uranus war der Großvater des Jupiter, der zusammen mit der Erdgöttin Gäa die Titanen in die Welt setzte. Siehst du, hier sind die anderen Planeten abgebildet. Gehen wir jetzt zurück zu dem äußeren Kreis, zu diesen Sternbildern, in denen die Planeten manchmal erscheinen. Viele Leute glauben, dass diese Sternbilder für uns Menschen von großer Wichtigkeit sind.“

„Wie meinst du das, Großvater?“, fragte Pavlos, und der Großvater antwortete: „Sieh dir die Namen dieser Sternbilder noch einmal an. Was fällt dir da auf?“

„Es sind sehr viele Tiere dabei!"
Nikolaos nickte: „Sie heißen auch die Tierkreiszeichen. An jedem Tag im Jahr sind also die Planeten an einem anderen Platz zu finden. Viele Leute glauben nun, dass es sehr wichtig ist für dein ganzes Leben, wo die Planeten zur Zeit deiner Geburt gerade gestanden haben. Du bist dann entweder ein Glückskind oder ein Pechvogel, du hast es leicht oder schwer im Leben, und so fort." Pavlos wollte wissen, ob Nikolaos auch daran glaube, aber der Großvater wollte nicht recht heraus mit der Sprache. Schließlich sagte er: „Weißt du, wenn ich es mir recht überlege, glaube ich es eigentlich nicht, aber so ganz sicher bin ich auch nicht. Der alte Stefanides jedenfalls meinte, vielleicht sei etwas Wahres daran!"
Pavlos, der sehr stolz auf seine neu erworbenen Kenntnisse war, fragte die Mutter, ob sie wisse, dass die Sonne ein Stern sei, ein ganz gewöhnlicher Stern wie viele andere am Himmel. Die Mutter schlug die Hände über dem Kopf zusammen: „Wie gescheit du bist! Ich habe nicht gewusst, dass die Sonne ein Stern ist. Und was sind denn wir, die Erde?"
Da sah Pavlos den Großvater einen Moment zögernd an, weil er seiner Sache noch nicht so sicher war, aber als der Großvater ihm zunickte, erklärte er: „Die Erde ist ein Planet, so wie die Venus und Jupiter. Stimmt's, Großvater?"
Da klopfte Nikolaos seinem Enkel auf die Schulter und sagte: „Nur so weiter, Kleiner, ich werde schon noch einen Astronomen aus dir machen!"
„Was ist ein Astronom?", wollte Pavlos wissen.
„Das ist einer, der Stern- und Himmelskunde studiert hat."
„Siehst du, Mutter", sagte Pavlos voller Stolz, „ich werde ein Astronom, und dann gehe ich herum und erkläre anderen Leuten, die davon nichts wissen, wie das mit den Sternen ist!"

KASSIOPEIA, DIE SCHWARZE KÖNIGIN

Die nächsten zwei Tage waren trübe und regnerisch, aber gegen Abend des dritten Tages begann sich der Himmel aufzuhellen. Als die Schafe nach Hause getrieben waren, erschien am Himmel eine feine Mondsichel, und die Sterne glitzerten hell. Nach dem Abendessen saßen Pavlos und sein Großvater wieder auf dem Baumstumpf. „Siehst du diesen ganz hellen, leuchtenden Stern da drüben?" Ja, den sah Pavlos, und er staunte, als der Großvater ihm sagte, dass dies eigentlich ein Planet sei. Es war die Venus. „Die Venus ist so hell und so wunderschön, dass sie leicht zu sehen ist."
Pavlos starrte die Venus an. Sie funkelte wie kein anderer Stern, und der Bub fragte: „Lebt da oben jemand?"
Nikolaos dachte ein Weilchen nach. „Man nimmt an, dass keiner unserer Planeten bewohnbar ist. Vielleicht wird man es später einmal wissen. Heute zeige ich dir ein neues Sternbild. Siehst du die Milchstraße? Dann wandere sie jetzt entlang. Stell dir vor, du würdest auf der Milchstraße fahren."
„Aber Großvater, ich finde den Wagen nicht auf der Milchstraße, mit dem ich fahren könnte!"
Der Großvater lachte: „So habe ich es nicht gemeint! Der Wagen ist nicht auf der Milchstraße, weder der Kleine noch der Große. Also kann man damit nicht auf der Milchstraße fahren, aber das große Schiff Argo fährt darauf, denn auf Milch kann man ja nur mit einem Schiff fahren!"
„Kannst du mir das Schiff zeigen?"
„Das ist ein Zeichen, das auf unserer Himmelshälfte nicht zu sehen ist, und die Geschichte ist schwierig, weil viele Personen, Götter und Tiere darin vorkommen, die alle am Himmel verewigt sind. Nein, fangen wir doch mit etwas Einfacherem an, das am Himmel so leicht zu erkennen ist wie der Große und der Kleine Wagen: die Kassiopeia."

„Ein schöner Name“, sagte Pavlos. „Das muss eine Frau gewesen sein.“
Nikolaos nickte. „Und eine sehr schöne Frau noch dazu. Sie war Königin von Äthiopien und schwarz.“
„Wo ist Äthiopien?“, wollte Pavlos wissen.
„In Afrika“, sagte der Großvater. Er war, als er noch klein gewesen war, oft mit seinem Großvater am Hafen gewesen. Da hatte er viele fremde Schiffe gesehen und Menschen aus allen Ländern, gelbe, braune und schwarze. Manche Männer hatten Turbane auf, manche hatten lange Gewänder wie Frauen, manche trugen sogar Zöpfe! Die vielen Sprachen, die zu hören waren, die Handelsgüter, die an der Mole ausgebreitet lagen, die Teppiche, die Tücher und die Gewänder! Ja, daran erinnerte sich Nikolaos oft. „Also“, sagte er, „jetzt kehren wir zurück zur Kassiopeia, Pavlos.“
Da kam die Mutter aus dem Haus und rief ihnen zu: „Habt ihr mich denn nicht rufen hören? Das Abendessen ist schon lange fertig!“ Sie tat zwar so, als sei sie böse, aber bei sich dachte sie: „Was würde ich ohne den Großvater machen? Nie könnte ich Pavlos alle diese Dinge erzählen, die der Großvater weiß.“

„Merk dir eines, Pavlos“, sagte Nikolaos beim Abendessen. „Die Kassiopeia ist deshalb leicht zu erkennen, weil sie aussieht wie ein großes W. Etwas weiter auseinander sind die Striche zwar, aber das W ist unverkennbar.“ Pavlos wollte die Geschichte noch hören, und als sie ihre Suppe gegessen hatten und beim frischen Schafskäse waren, erzählte Nikolaos: „Die Königin Kassiopeia hatte eine wunderschöne Tochter, die Andromeda hieß und auch als Sternbild an den Himmel versetzt wurde, so dass du noch mehr von ihr hören wirst. Kassiopeia war so stolz auf ihre Tochter, dass sie einmal sagte: ‚Meine Tochter ist schöner als alle Nereiden.‘“
„Was sind Nereiden?“, wollte Pavlos wissen.
„Nereiden sind Meerjungfrauen und die Töchter des Nereus, eines Meerkönigs. Natürlich war der Meerkönig böse über diese Prahlerei, und so schickte er ein fürchterliches Meerungeheuer an die Küsten des Landes. Dort richtete es schrecklichen Schaden an. Der königliche Gemahl der Kassiopeia, der Cepheus hieß, und den wir auch, neben Kassiopeia und nicht weit von seiner Tochter Andromeda, als Sternbild am Himmel finden, ließ das Orakel von Delphi befragen, wie er das Ungeheuer loswerden und den Meerkönig zufriedenstellen könnte.“ Pavlos wollte nun natürlich etwas über das Orakel von Delphi hören, aber der Großvater war schon zu müde. „Morgen erzähle ich dir alles, für heute machen wir Schluss. Die Geschichte ist nämlich sehr lang!“
„Aber morgen“, bat Pavlos, „zeigst du mir das große W?“
„Morgen“, sagte der Großvater und gähnte dabei, „morgen zeigst *du* mir das große W.“ Dann gingen sie schlafen.
Als Pavlos in seinem Bett lag und nachdachte, sah er sich schon auf dem Mondstrahl spazieren gehen, und er träumte von der schwarzen Königin mit ihrer wunderschönen Tochter und dem Ungeheuer. Als er aufwachte, war es schon hell, und weder der Großvater noch die Mutter waren zu

sehen. Schnell stand Pavlos auf und lief hinaus. Es war ein strahlender Tag, und der Großvater saß vor der Tür auf der Bank. „Hast du mich gerufen?“, wollte er wissen.
„Großvater, was glaubst du, habe ich gerade geträumt?“
Der Großvater dachte nach und fragte: „Vielleicht von den Sternen?“
Pavlos nickte. „Vor allem von dem schrecklichen Ungeheuer! Es wollte mich gerade fressen, als ich aufwachte.“ Der Großvater wollte wissen, wie denn das Ungeheuer ausgesehen habe. „Es war eine Schlange, sehr, sehr lang und abscheulich. Sie hatte große, spitze Zähne und Riesenpfoten. Und riesige gelbe Augen, die sie in einem fort auf- und zumachte!“
„Schrecklich“, rief der Großvater, „was für ein Traum!
Natürlich ist alles, was ich da erzähle, nur eine Sage. So etwas hat es nie wirklich gegeben.

Und seit auch das Ungeheuer ein Sternbild am Himmel ist, ist es überhaupt ganz zahm geworden!“
„Heute ist ein schöner Tag“, sagte Pavlos, „heute können wir uns sicher die Kassiopeia ansehen! Vielleicht kannst du mir noch ein anderes Sternbild zeigen, weil wir doch schon alles über die Kassiopeia wissen!“
„Ich muss mich vorher noch einmal vergewissern, wie das nächste Sternbild aussieht. Ich glaube, neben der Kassiopeia ist ihr Mann, König Cepheus. Ich erinnere mich aber nur, dass da etwas wie ein Dreieck zu sehen war. Der alte Stefanides wäre sicher böse mit mir, wenn er wüsste, wie viel ich von dem Gelernten schon wieder vergessen habe!“ Pavlos musste lachen. „Man wird eben alt“, erklärte Nikolaos. „Ich bin dir eigentlich sehr dankbar, Pavlos, dass du von mir etwas lernen willst! So muss ich immer wieder nachsehen und mich erinnern, ob ich will oder nicht.“
Pavlos dachte bei sich, wie sehr er den Großvater liebte, wie viel Zeit sich dieser nahm, um ihm die Dinge zu erklären. Und wenn er etwas nicht wusste, machte es ihm gar nichts aus. Das hatte Pavlos am liebsten an ihm.
Der Tag verging im Nu, vor allem, weil Pavlos so ungeduldig auf den Abend wartete und, um seine Ungeduld zu vergessen, mit dem Hund um die Wette lief. „Gibt es auch da oben einen Hund?“, wollte Pavlos wissen, und der Großvater überraschte ihn, als er ihm sagte, es gäbe zwei! „Einen großen und einen kleinen, die Hunde des Orion.“ Nach einer Pause fuhr Nikolaos fort: „Sollten wir nicht einmal nachsehen, wie es Stefanides geht? Du könntest ihm erzählen, was du schon alles gelernt hast, und ich könnte ihn einiges fragen, was mir entfallen ist!“
Da war Pavlos begeistert. „Wenn du glaubst, Großvater, dass er nicht zu krank ist, wäre das wunderbar! Ich will ihm auch etwas sagen, aber ganz heimlich! Nicht einmal dir erzähle ich es!“ Nikolaos, der wusste, dass alle Kinder gern Geheimnisse haben, nickte nur.

Dann war es Abend, und die beiden kamen müde nach Hause. „Heute", sagte Nikolaos, „werden wir uns nur die Kassiopeia ansehen. Wir wollen ja morgen ins Dorf zu Stefanides." Für Nikolaos war der alte Stefanides viel mehr als eine eindrucksvolle Persönlichkeit. Er war sein Lehrer. Stefanides hatte gleich gesehen, was für ein munterer Bursche der kleine Pavlos war und dass kein Wort, das man zu ihm sagte, verschwendet war. Als der Großvater dann zum Himmel aufblickte und Pavlos fragte, ob er allein das große W der Kassiopeia finden könne, brauchte dieser gar nicht lange. Die Milchstraße einmal in Gedanken hinaufgegangen – da war es auch schon. „Schön ist die Kassiopeia", sagte Pavlos, „und wo ist ihr Mann, der König ..." Aber den Namen hatte Pavlos vergessen, Nikolaos musste ihn an Cepheus erinnern. „Und das Dreieck", fragte Pavlos, „von dem du gesprochen hast?"
„Lass mich mal sehen. Das Dreieck ist ein Stück vom König. Den Rest muss ich dir zu Hause im Buch zeigen. Unter dem Dreieck ist noch eine Art Viereck zu sehen, ebenso ein paar kleinere Sterne. Aber da zieht gerade eine Wolke darüber. Siehst du, da ist das Sternbild wieder, aber es ist nicht so leicht zu erkennen wie die Kassiopeia. Jetzt zeige ich dir noch einen Trick. Wenn du schnell von der Kassiopeia aus den Polarstern finden willst, musst du nur vom letzten Stern der Kassiopeia zum nächsten Stern gehen, dann triffst du auf den Polarstern. Eigentlich habe ich ja vergessen, dir zu sagen, dass dieser Stern, der dich zum Polarstern führt, noch halb zu Kassiopeia gehört. Wenn man ihn dazu denkt, kann man sich die schwarze Königin vorstellen, wie sie sich in einem Sessel weit zurücklehnt."
Pavlos betrachtete alles genau am Himmel. Jetzt sah er auch wieder den Kleinen und den Großen Wagen. „Das vergesse ich nicht mehr", dachte er. „Gehen wir ins Haus", sagte der Großvater, „es wird kühl."
Im Zimmer schlugen sie noch einmal das Sternenbuch auf und sahen sich

König Cepheus an. „Er sieht eher aus wie ein Häuschen“, rief Pavlos, „ein Häuschen mit kleinen Beinen dran!“

„Du hast die richtige Fantasie für einen Sterngucker.“ Der Großvater lächelte. „Siehst du, der König ist auch nicht sehr weit vom Polarstern entfernt!“

„Im Buch alles noch einmal nachzuschauen ist eigentlich sehr praktisch“, sagte Pavlos, „man muss sich nicht den Kopf verrenken!“

Da kam die Mutter herein und sagte: „Ich muss euch etwas Trauriges erzählen: Dem alten Stefanides geht es sehr schlecht, und er hat jemanden geschickt, um Großvater, aber auch dir, Pavlos, zu sagen, dass er euch morgen früh sehen will.“

Nikolaos und Pavlos gingen traurig zu Bett. „Hoffentlich lebt er dann noch“, dachte Nikolaos.

DAS ERBE DES STEFANIDES

Am nächsten Morgen versorgte die Mutter die Schafe, als die beiden ins Dorf hinuntergingen. Sie beeilten sich sehr. Vor dem Haus waren viele Leute versammelt. Nikolaos nahm Pavlos an der Hand, und sie gingen hinein. Alle Leute drehten sich nach ihnen um, niemand sagte etwas. „Sie mögen uns nicht", dachte der Großvater, „sie glauben, dass wir vom Berg uns für etwas Besseres halten. Sie gönnen mir die Freundschaft mit dem alten Stefanides nicht, und sie können nicht verstehen, was er in mir sieht."

Im Haus fanden sie den alten Stefanides so vor, wie sie ihn das letzte Mal verlassen hatten. Aber seine großen schwarzen Augen leuchteten viel stärker, und als sie eintraten, erschien ein so freundliches Lächeln in seinem Gesicht, dass sowohl Pavlos als auch der Großvater mit den Tränen kämpfen mussten. Pavlos wurde mit einem Mal klar, dass jede Minute wichtig war.

„Kommt näher", sagte Stefanides. „Hört gut zu, ihr beide: Ich weiß, dass ich sterben muss, aber das ist gar nicht so schrecklich. Ich habe lange gelebt, also bin ich dem Schicksal sehr dankbar. Nur eines im Leben bedaure ich: dass ich nicht geheiratet und nie Kinder gehabt habe. Jetzt tut es mir leid, alle meine schönen Bücher hierzulassen. Also habe ich mich entschlossen, mein Haus mit allem, was darin ist, dem Dorf zu schenken, und du, Nikolaos, wirst es verwalten. Nach dir wird es Pavlos tun. Wenn die Leute im Dorf vernünftiger wären und Bücher zu schätzen wüssten, hätte ich auch jemanden aus dem Dorf als Verwalter nehmen können. Aber ich bin sicher, dass sie im Winter ihre Öfen mit den Büchern heizen würden."

Erschöpft sank Stefanides auf seinem Bett zurück. Nikolaos und Pavlos saßen wie erstarrt. Nikolaos als Verwalter aller dieser Bücher? Da sagte

Stefanides: „Ich habe einen Notar“, und dabei winkte er einen Mann, den die beiden vorher noch gar nicht gesehen hatten, ans Bett heran. „Das ist Herr Carides. Er hat alles schriftlich. Es ist genug Geld da, um das Haus instandzuhalten und die Steuern zu zahlen für viele, viele Jahre. Danach, hoffe ich, werden Pavlos' Kinder weiter dafür sorgen, dass die Bücher und das Haus erhalten bleiben. Sollte es aber einmal, und das will ich sehr hoffen, eine Schule hier geben, soll das Haus dafür benutzt werden.“ Nikolaos stotterte etwas, aber Stefanides winkte ihn beiseite. Er beugte sich zu Pavlos und flüsterte: „Pavlos, hast du mir vielleicht noch etwas zu sagen?“ Pavlos rannen die Tränen über die Wangen: „Ach, Stefanides, ich wollte dir nur sagen, dass ich auf dem Mondstrahl in den Himmel steigen werde, und ich bin sicher, dass du auch hinaufkommst. Ich erwarte dich da oben, sicher bist du mindestens so wichtig wie Kassiopeia oder König Cepheus oder auch der Kleine und der Große Bär!“
Stefanides lächelte. „Du bist ein kluger Bub, und ich freue mich, wenn du aus meinen Büchern etwas lernen kannst. Aber nicht nur über die Sterne! Wenn einer zu dir kommt, der etwas nachsehen will, dann vergiss nicht, dass die Bücher dazu da sind, die Leute gescheiter zu machen. Wenn ich sie deiner Obhut hinterlasse, dann weiß ich, dass sie in guten Händen sind!“ Er wischte sich mit den Händen über die Augen, als wolle er einen bösen Traum verscheuchen. Dann sagte er mit schwacher Stimme: „Nikolaos, ein langes Leben habe ich gehabt, aber so etwas wie dich habe ich nur einmal gefunden! Pavlos soll auch so werden, genau so. In die Schule musst du ihn schicken. Erinnert euch an mich, wenn ihr zu den Sternen aufschaut. Ich werde euch von dort zuwinken …“ Sein Kopf fiel zurück, und er schien zu schlafen. Da nahm Nikolaos Pavlos an der Hand, leise schlichen sie hinaus. Sie sahen einander nicht an, denn keiner wollte den anderen weinen sehen, aber sie hielten sich aneinander fest, so fest, dass es fast wehtat.

Sie redeten kein Wort beim Mittagessen, und auch die Mutter sprach nicht. Aber nachmittags, als der Großvater und Pavlos auf der Weide waren und die Schafe friedlich grasten, sagte Pavlos: „Ist das nicht komisch, dass das Sterben schön ist, und doch muss man weinen dabei."
Der Großvater sah Pavlos an: „Man weint, weil man einen lieben Menschen verliert, weil man ihn nicht mehr sehen, nicht mehr mit ihm reden kann, aber weißt du, das stimmt gar nicht! Ich rede zum Beispiel sehr oft mit meiner Mutter und meinem Vater, obwohl sie schon lange gestorben sind. Sie können zwar nicht antworten, aber das macht gar nichts. Ich denke mir ihre Antwort. Und so wird es wohl auch mit Stefanides sein."
Pavlos grübelte lange über die Worte des Großvaters. Nikolaos setzte sich auf einen Stein, und Pavlos streckte sich neben ihm ins Gras. Vor ihnen lagen das Tal und das Dorf weit unten. Es sah alles so friedlich aus, und als die Kirchenglocken läuteten und ihr Klang bis zu den beiden heraufdrang, dachten sie an den alten Stefanides und dass er nun sicher gestorben sei. Pavlos sah ihn im Geist hinauf über die Wolken fliegen und sich einen schönen Platz an der Milchstraße suchen. „Warte nur", dachte Pavlos, „wenn ich da hinaufkomme, dann erzähle ich dir alle Neuigkeiten, die es bei uns gibt!"
Die beiden standen auf und gingen wieder den Schafen nach. „Ich will an Stefanides' Grab im Frühjahr einen Olivenbaum pflanzen." Pavlos nickte. Als es dunkel wurde und sie die Schafe heimtrieben, sagte der Großvater: „Pavlos, heute darfst du mir nicht böse sein, wenn wir uns die Sterne nicht ansehen. Aber wenn es wahr ist, dass der alte Stefanides gestorben ist, muss ich ins Dorf hinunter und komme erst morgen früh nach Hause."
Zu Hause sprach der Großvater mit der Mutter. Pavlos wusste, dass er nicht horchen sollte, aber hie und da hörte er Brocken wie „Das musst du doch nicht machen" oder „Soll ich vielleicht mit dir gehen?". Schließlich

schien der Großvater seinen Willen durchgesetzt zu haben, denn er nahm eine Laterne und ging hinaus.
Die Mutter hatte verweinte Augen, als sie aus der Küche kam. „Dein Großvater“, sagte sie, „ist der eigensinnigste Mensch, dem ich je begegnet bin!“ Dann setzte sie sich zu Pavlos und fragte ihn, was er denn jetzt schon alles gelernt habe. Und Pavlos versuchte, was er wusste zu erklären.
„Weißt du, Mutter“, sagte er, „es ist komisch, dass auch weniger gute Leute zu Sternbildern geworden sind. Eigentlich, weil sie etwas Böses getan haben!“ Er erzählte ihr, dass Kassiopeia mit der Schönheit ihrer Tochter geprahlt habe und dass sie deshalb als großes W an den Himmel versetzt wurde.
Die Mutter hörte aufmerksam zu: „Vielleicht hat sie auch viel Gutes getan, von dem man nur nichts weiß?“
Pavlos dachte nach. Das könne schon sein, erwiderte er, schließlich sei sie eine Königin und vielleicht eine sehr gute Königin. „Die Mutter hat sicher recht“, dachte Pavlos, er wollte nicht glauben, dass da oben wirklich böse Menschen verewigt waren. Er war müde und ging bald ins Bett. Er träumte vom alten Stefanides und sah ihn mit der schwarzen Königin auf einem goldenen Thron sitzen, mit einem Zepter in der Hand. Zu seinen Füßen schlängelte sich friedlich ein großer Drache, der immer wieder gähnte und eine goldene Kette um den Hals trug.
Pavlos wachte auf, als die Mutter ihn rüttelte und schüttelte. „Du Schlafmütze, wer wird denn die Schafe auf die Weide führen, wenn der Großvater nicht da ist?“ Pavlos ging vor die Tür zum Brunnen, um sich zu waschen, und die Schafe, die die Mutter herausgelassen hatte, umringten ihn, manche beschnupperten seine Beine, dass es kitzelte.
Bald war Pavlos mit dem Schäferhund weit draußen in den Hügeln. Das Schönste am Schafehüten war, dass man dabei so gut nachdenken konnte.

Die Schafe waren friedlich, nur manchmal lief eines zu weit weg. Auch diesmal hörte Pavlos das Wimmern eines Lämmleins, irgendwo im Gebüsch. Es hatte sich in einer Wurzel verfangen. Pavlos befreite es, brachte es zu den anderen Schafen und schalt den Hund. „Es ist doch nicht so leicht, ein Schafhirte zu sein", sagte Pavlos vor sich hin, „vor allem ohne den Großvater!"
Der kam sehr bedrückt nach Hause. Pavlos hatte der Mutter noch nichts von Stefanides' Haus und den Büchern erzählt, der Großvater hatte ihn darum gebeten. Nikolaos schien müde und hungrig, und als sie beim Abendessen saßen, sagte er zur Mutter: „Ich muss dir etwas Wichtiges mitteilen. Der alte Stefanides ist gestern gestorben. Heute haben sie ihn begraben. Als nun Pavlos und ich gestern bei ihm waren, war das der letzte Besuch, den er vor seinem Tod noch gehabt hat. Und nun stell dir einmal vor, er sagte, er hätte keine Kinder und niemanden sonst auf der Welt, und die vielen Bücher und das große Haus könne er ja nicht mitnehmen. Da hat er dem Dorf alles geschenkt, aber mich und Pavlos hat er zum Verwalter seines Hauses gemacht."
Die Mutter war so überrascht, dass sie zuerst keinen Ton herausbringen konnte. „Verwalter?", fragte sie. „Du und Pavlos, ihr seid Verwalter geworden?"
Der Großvater erwiderte: „Damit wir armen Leute das Haus instandhalten können, hat er im Voraus auf viele Jahre alles bezahlt, auch unsere zukünftigen Gehälter. Und das Ganze hat er bei einem Notar, der aus der Stadt gekommen ist, schriftlich niedergelegt, damit alles seine Ordnung hat."
„Aber warum denn Pavlos, den er doch kaum gekannt hat?", wollte die Mutter wissen, und da sagte Pavlos, der bis dahin still zugehört hatte: „Weil Stefanides Angst hatte, dass die Leute, wenn er alles dem Dorf

schenkte, seine wertvollen Bücher nur verbrennen würden. Deshalb hat er alles uns übergeben. Weder der Großvater noch ich würden je ein Buch in einen Ofen stecken, und sei es noch so kalt!"
Die Mutter sah ihren Sohn verwundert an. „Er spricht wie sein Vater", dachte sie, „genau wie sein Vater." Laut sagte sie: „Aber das heißt doch nicht, dass wir dort wohnen sollen?"
Da lachte der Großvater. „Nein, nein, sein Haus und seine Bücher sollen für alle da sein, die nach Wissen suchen, so wie eine Schule oder eine Bücherei. Wir sollen nur gut darauf achten. Solange Pavlos klein ist, soll ich alles verwalten. Aber jetzt kommt das Wichtigste, und das weiß Pavlos noch nicht. Auch ich habe es erst erfahren, als ich heute mit dem Notar gesprochen habe. Pavlos, der alte Stefanides hat dir Geld vermacht."
Da sperrte Pavlos die Augen weit auf. „Geld? Für mich?"
„Ja, zwar kein bares Geld, aber der Notar verwahrt so viel Geld für dich, wie du brauchen wirst, um die Schule zu besuchen und auch anständige Kleider zu tragen und in den Ferien nach Hause zu kommen. Alles, was jemand braucht, der eine Schule besucht. Sechs Jahre lang wird dir alles bezahlt. Danach musst du deinen Weg selber machen."
Pavlos sah die Mutter an. Er wusste, wie ihr zumute war. Sie hatte Angst, ihn zu verlieren. Doch dann nickte sie, denn sie dachte an Pavlos' Vater und wie glücklich er wäre, wenn er das alles wüsste. Sie strich Pavlos über die Haare und sagte streng: „Im Herbst kommst du in die Schule, da hilft dir gar nichts!" Sie sah plötzlich auf die Uhr. „Um Gottes willen, es ist ja schon spät! Ins Bett mit euch beiden, sonst könnt ihr morgen nicht aufstehen."
Als der Großvater und Pavlos schlafen gegangen waren, saß die Mutter noch lange da und dachte nach. Es konnte nicht wahr sein, dass ihr Sohn das Erbe eines reichen Mannes verwalten sollte! „Wie im Märchen", dach-

te sie. „Vielleicht wird er einmal Lehrer und selbst dort, in dem großen Haus, den Kindern aus der Umgebung Lesen, Schreiben und alle die anderen Dinge beibringen! Das wäre wundervoll. Warum hat es nicht schon in meiner Kindheit hier eine Schule gegeben?“

Als sie zu Bett ging, begann es schon zu dämmern, und als der Großvater und Pavlos morgens aufstanden, schlief sie noch fest. Auf Zehenspitzen schlichen die beiden hinaus. Sie ließen die Schafe aus dem Stall, holten sich aus der Speisekammer etwas Milch, Käse und Brot und wanderten auf die Weide.

ANDROMEDA UND PERSEUS

Sie waren schon weit vom Haus entfernt, als die Sonne heraufkam. „Wo waren wir denn mit unseren Sternen stehen geblieben?", wollte der Großvater wissen, und Pavlos antwortete: „Bei König Cepheus."
„Ach ja. Aber weißt du, sonst war eigentlich nichts Besonderes an diesem Cepheus, außer dass er das Orakel befragen musste, was er gegen das Meeresungeheuer tun könnte. Und da wollte ich dir die Geschichte vom Orakel erzählen. Die Menschen damals, die noch an alle diese Götter glaubten, hofften, sie könnten es sich im Leben besser einrichten, wenn sie vorher die Götter befragten."
„Aber wenn es diese Götter gar nicht gegeben hat, wie konnten sie dann befragt werden?"
„In einem Hain in Delphi bauten die Menschen dem Sonnengott Apollo einen großen Tempel und setzten eine Priesterin hinein." Pavlos hatte nur von Priestern etwas gehört, aber nie von Priesterinnen. „So war das damals", erklärte der Großvater, „diese Priesterin saß auf einem Stuhl, der nur drei Beine hatte, so wie unser Melkstuhl, und sie saß über einem Spalt in der Erde, aus dem Dämpfe emporstiegen. Sicher kamen diese Dämpfe aus dem Erdinneren, und wer sie einatmete, wurde ganz benommen und begann, wirre Dinge zu reden. So stelle ich mir das jedenfalls vor. Heute sieht man in Delphi nichts mehr davon, nur Ruinen. Aber wenn damals einer kam, um Rat zu suchen bei den Göttern, sagte er seinen Wunsch der Priesterin, und sie gab ihm die Antwort der Götter."
„Konnte sie denn mit den Göttern sprechen?", fragte Pavlos, aber der Großvater erwiderte, all das sei ja so lange her, dass niemand mehr Genaues wüsste. „Jedenfalls ging auch König Cepheus zum Orakel in Delphi und befragte die Priesterin, was er tun solle, um den Meeresgott zu besänftigen.

Da antwortete die Priesterin: ‚Nimm dein eigenes Kind, binde es an einen Felsen am Meer und opfere es dem Ungeheuer. Nur wenn du das tust, wird wieder Friede in dein Land einkehren.'
Cepheus war verzweifelt. Seine einzige Tochter Andromeda sollte er opfern! Aber er ging nach Hause und tat, was ihm das Orakel befohlen hatte. Das ganze Land brach in laute Klagen aus, und alle Menschen versammelten sich am Strand, um der armen Prinzessin Mut zuzusprechen. Auf einmal hörten sie alle ein schreckliches Brausen, und aus dem Meer tauchte ein furchtbares Ungeheuer, es spie Feuer, Hunderte spitzer Zähne warteten darauf, die Prinzessin zu zerreißen.
Andromeda und alle Leute schrieen vor Angst laut auf. Da kam aus der Luft eine unerwartete Rettung. Auf einem geflügelten Pferd saß ein junger Prinz, in der Hand ein großes Schwert, auf dem Kopf eine Kappe mit kleinen Flügeln. Mit ihrer Hilfe konnte er sich unsichtbar machen. Unter sich sah er die an den Felsen gebundene Jungfrau. ‚Habt keine Angst, ich, Per-

seus, werde sie befreien.‘ Er wendete sein Pferd in der Luft und raste dem Ungeheuer entgegen. Mit Hilfe seiner Tarnkappe konnte er dem Drachen viele Wunden zufügen, ohne dass dieser ihn sah. Mit einem starken Hieb schlug er endlich dem Untier den Kopf ab und eilte, nachdem er sich wieder sichtbar gemacht hatte, zu der verschreckten Prinzessin. Er stieg vom Pferd, nahm ihr die Fesseln ab und brachte sie zu ihren überglücklichen Eltern Kassiopeia und Cepheus zurück. Aus Dankbarkeit gaben ihm die königlichen Eltern Andromeda zur Gemahlin. Aus dieser Geschichte“, beendete Nikolaos seine Erzählung, „haben wir nun gleich fünf Sternbilder am Himmel: Kassiopeia, Cepheus, Andromeda, Perseus und Pegasus.“

„Und das Ungeheuer, Großvater?“, fragte Pavlos. „Ist das auch irgendwo zu sehen?“

„Ich glaube schon“, erwiderte der Großvater. „Es ist der Walfisch, wenn ich mich nicht irre. Aber wir müssen im Buch nachsehen. Dann erzähle ich dir auch die Geschichte des Perseus, die ist lang und schwierig.“

Beide waren hungrig und müde, und Pavlos war gar nicht böse, als sie nach dem Abendessen nur kurz hinausgingen, um den Mond zu betrachten. Er war so hell und schon fast halb voll. Die Milchstraße war gar nicht zu sehen, kleine Wolken zogen über den Mond, es war immer wieder einmal der Wagen, einmal die Kassiopeia und einmal das Dreieck des Cepheus sichtbar. Von weither blitzte es über den Himmel, und Nikolaos sagte: „Es wetterleuchtet, da ist irgendwo weit von uns ein Gewitter, und wir bekommen nur den Widerschein der Blitze zu sehen. Seltsam, im Winter haben wir selten Gewitter!“

„Das Wetterleuchten gefällt mir besser als ein wirkliches Gewitter“, antwortete Pavlos, „da muss man sich nicht fürchten, und den Donner hört man auch nicht. Sag, Großvater, wenn ich in die Schule gehe, muss ich da auch alles über die Sterne wissen?“

„Aber nein, sicher wirst du etwas davon lernen, und wie fein wird das sein, wenn du schon vieles vorher weißt!“
„Muss man immer im Zimmer sitzen, wenn man lernt?“
„Sicher, aber da gibt es Pausen und Spiele und alles Mögliche, so dass es nie langweilig wird. Nur hinausgehen auf die Hügel, so wie jetzt, mit den Schafen, das wirst du nicht mehr können!“ Der Großvater überlegte. „Dafür aber gibt es andere Kinder, die mit dir in die Schule gehen und mit denen du spielen kannst. Das wird sicher sehr lustig. Mach dir keine Sorgen!“
Sie wanderten zurück, und bald war es im Haus mäuschenstill, nur den Großvater hörte man ab und zu schnarchen, und manchmal blökte ein Schaf.
An den folgenden Abenden saßen Pavlos und der Großvater wieder vor dem großen Buch und sahen sich die schönen Bilder an. Da war ein Bild von Perseus und Andromeda, Perseus stand vor der Prinzessin, mit dem Schwert in der Hand, und sie lag vor ihm, an den Felsen geschmiedet, dahinter das geflügelte Pferd Pegasus. Und über allem Kassiopeia. „So sollte man es am Himmel sehen können, Großvater“, sagte Pavlos, „das wäre schön!“
„Aber dann“, erwiderte der Großvater, „brauchst du dazu keine Fantasie! So wie es ist, scheint es schwer, aber wenn du wirklich alle großen Sternbilder erkennst, ist es ein Erfolg!“ Als Pavlos ein Himmelsbild sah, auf dem nur die Sterne als kleine Punkte eingezeichnet waren, fiel es ihm sehr schwer, Perseus, Andromeda und das geflügelte Pferd zu erkennen. Sie waren anders als die Sternbilder, die er bisher kennen gelernt hatte, denn sie bestanden aus vielen kleinen Sternen. „Langsam, langsam“, sagte der Großvater, „es ist noch kein Meister vom Himmel gefallen.“
Und jeden Abend ging die lange Geschichte von Perseus weiter. „Perseus“,

erzählte der Großvater, „war der Sohn einer Königstochter. Als er auf die Welt kam, fragte sein Großvater das Orakel, was einmal aus dem Kind werden würde, und das Orakel prophezeite: ‚Dein Enkel wird ein großer Held, der viele Abenteuer erleben wird, dir aber wird er den Tod bringen.' Darüber war der alte König so erschrocken, dass er sowohl seine Tochter als auch das Kind in eine kleine Kiste setzen und sie auf das stürmische Meer hinaustreiben ließ. Der Meeresgott, so sagt man, erbarmte sich der beiden und ließ sie sicher eine Insel erreichen. Dort wurden Perseus und seine Mutter liebevoll aufgenommen, und dort wuchs das Kind auf. Der König der Insel aber wollte Perseus' Mutter zur Frau haben und dachte nach, wie man Perseus in die Fremde schicken könnte. Er verlangte von ihm, als Beweis seines Mutes das Haupt der gefürchteten Medusa herbeizubringen.

Medusa war ein schreckliches Ungeheuer, aus dessen Haupt statt Haare Schlangen wuchsen. Perseus wusste das alles nicht, und wenn die Götter ihm nicht geholfen hätten, wäre das Abenteuer für ihn schlecht ausgegangen. Aber der Götterbote Merkur lieh ihm seine Flügelkappe, die ihn unsichtbar machen konnte, und Minerva, die Göttin der Weisheit, gab ihm einen Spiegel, die Göttin der Jagd einen Schild. Mit diesen Dingen bewaffnet, suchte Perseus nach der schrecklichen Medusa.

Medusa war zu einem Ungeheuer geworden, weil sie dummerweise geprahlt hatte, dass ihre Haare schöner seien als die der Göttin der Jagd. Ungestraft durfte man aber die Götter nicht beleidigen, und so verwandelte die Jagdgöttin Diana das hübsche Fräulein mit den schönen Haaren in ein Ungeheuer mit Schlangen auf dem Kopf. Ihr Anblick war so schrecklich, dass jeder, der sie sah, augenblicklich zu Stein erstarrte. Mit Hilfe der Flügelkappe und des wunderbaren Schildes aber besiegte Perseus die Medusa, indem er, mit dem Spiegel in der Hand, damit er sie nicht ansehen musste,

ihr den Kopf abschlug. Bei seinen späteren Abenteuern, die nicht zur Sternengeschichte gehören, sollte dieser Kopf ihm noch große Dienste leisten. Als aber das Blut der Medusa zu Boden tropfte, entstand ein schwarzer Nebel an dieser Stelle, und aus dem Nebel stieg ein hübsches Pferd mit herrlichen Flügeln. Es wieherte laut, Perseus bestieg es und ritt durch die Luft davon. Immer weiter flog er, bis er zu der Stelle kam, wo gerade die Jungfrau Andromeda dem Seeungeheuer ausgesetzt war. Den Rest dieser Geschichte kennst du ja schon. Und siehst du, jetzt suchen wir uns im Buch all diese Figuren aus der Sage heraus. Da ist ja schon Kassiopeia." Er deutete mit dem Finger darauf. „Cepheus hier, Andromeda hier, dann Perseus und das Flügelpferd Pegasus. Was sagst du jetzt, Pavlos?"
Pavlos hatte gespannt zugehört. „Großvater, diese Götter konnten gut und böse sein, nicht wahr? Die einen schicken ein Ungeheuer, die anderen schenken eine Flügelkappe! Ist das nicht seltsam?"
Der Großvater musste gestehen, dass er sich das noch nie überlegt hatte. Es war ja wahr, die Götter der alten Griechen und Römer konnten gut und böse sein. „Ich denke, dass damals die Leute sich die Götter so gedacht hatten, wie sie selbst gerne gewesen wären. Wer will zum Beispiel nicht durch die Luft fliegen oder sich gar unsichtbar machen, wenn es gefährlich wird? Du möchtest diese Fähigkeiten doch sicher auch haben!"
„Und ob", antwortete Pavlos begeistert. „stell dir nur vor, wie das wäre, wenn ich jetzt zu dieser Schule fliegen könnte, um mir alles aus der Luft anzuschauen, mit der Kappe auf dem Kopf, damit mich niemand sieht! Da hätte ich dann keine Angst mehr davor."
Nikolaos sah Pavlos lange an. „Hast du denn Angst davor, in die Schule zu gehen?"
Pavlos nickte: „Aber nur ein bisschen, weißt du, nur weil ich mir nicht vorstellen kann, wie es dort sein wird."

„Das macht nichts, Kleiner, dann wirst du umso überraschter sein, wenn es wunderschön ist, und es wird dir umso besser gefallen!"
Nach ein paar herrlichen Tagen voller Sonnenschein war es auch in der Nacht fast so hell wie am Tag, denn es war Vollmond. Nikolaos und Pavlos saßen vor dem Haus, und die Mutter kam auch dazu. „Schade, dass du gerade heute das erste Mal zu uns herauskommst, Mutter", sagte Pavlos, „heute siehst du fast nur den Mond. Die Sterne sind zwar da, aber sehr blass." Doch die Mutter war zufrieden, der Vollmond gefiel ihr gut. Es war wolkenlos, und auf dem Mond konnte man allerlei Formen erkennen. „Ist der Mond auch ein Planet?", fragte Pavlos.
„Nein", antwortete der Großvater, „der Mond ist ja ein Gefährte der Erde. Und das Wichtigste am Mond ist, dass er sich mit der Erde um die Sonne dreht."
„Gibt es denn auch einen Mann im Mond?"
„Nein, das glaube ich nicht, und wenn, dann keinen solchen Mann, wie es ihn auf der Erde gibt, denn es ist sicher, dass da oben niemand leben kann."
„Was ist das aber, was man da sieht?", wollte Pavlos wissen.
„Gebirge und Krater, wie wir sie auf der Erde haben, Berge und Täler. Aber es wächst dort nichts. Der Mond ist ganz kalt und tot."
„Trotzdem ist er sehr schön", sagte die Mutter, „vor allem, weil er so hell scheint!"
„Aber wieso scheint er eigentlich?", fragte Pavlos. „Ich meine, was ist das für ein Licht?"
Der Großvater sagte: „Dieses Licht da oben gehört überhaupt nicht zum Mond. Es ist das Licht der Sonne, die auf ihn scheint. Also nimm einmal an, ich gehe in einen dunklen Raum, in dem überhaupt nichts zu sehen ist, und nehme eine Lampe mit und stelle diese vor einen runden Laib Käse. Wer in das Zimmer kommt, sieht den Käse, sonst nichts. Jedenfalls leuch-

tet der Käse nicht von selbst, sondern nur, weil die Lampe auf ihn scheint. Jetzt stell dir noch vor, dass du immer nur ein Stück von dem Käse anleuchtest. Manchmal die linke, dann die rechte Seite, besonders wenn du das Licht um den Käse kreisen lässt. Und so ist das mit dem Mond. Wenn er ganz von der Sonne beschienen wird, dann ist Vollmond, und wenn die Sonne hinter dem Mond steht, sehen wir seine Schattenseite, nämlich nichts, dann ist Neumond. Und dazwischen ist er entweder im Zunehmen oder im Abnehmen. Das Ganze dauert einen Monat, vom Neumond bis zum Vollmond und wieder bis zum Neumond zurück."

„Das verstehe ich alles, aber wieso leuchten dann die Sterne?"

„Ja", erwiderte der Großvater, „das ist etwas anderes, die sind ja glühend heiß, die meisten viel heißer als unsere Sonne, und sie geben selber Licht, so wie das Feuer zum Beispiel oder eine Kerze!"

„Was würdest du machen, Pavlos", fragte die Mutter, „wenn du nicht so einen gescheiten Großvater hättest?"

Da lachte Pavlos. „Dann würde ich alles aus den Büchern herauslesen und es dem Großvater erzählen, so wie er es jetzt mit mir tut!"

„Frechdachs", sagte der Großvater, „und wer hat dir das Lesen beigebracht?"

„Du natürlich. Aber jetzt sag mir noch eines: Könnte nicht doch irgendetwas auf den Planeten leben?" Nikolaos erklärte, es wäre schon möglich, auf irgendeinem Planeten in einem anderen Sonnensystem, und eines Tages würden die Menschen es sicher herausfinden. Die Mutter aber meinte, es wäre Zeit, schlafen zu gehen, und als sie im Haus waren, sagte der Großvater: „Lass uns noch schnell den Mond im Buch ansehen." Er suchte eine Weile, bis er die richtige Seite fand. „Sieh her, Pavlos. Nach dem Neumond siehst du in den folgenden Nächten eine ganz dünne Sichel, dann wird sie täglich größer, bis der Mond halb beschienen ist. Danach wächst er immer weiter, bis zum Vollmond. Morgen schon beginnt er bei uns zum Beispiel wieder abzunehmen, wird immer schmäler und schmäler, bis er schließlich ganz verschwindet und wir wieder bei Neumond angelangt sind. Das nennt man die Phasen des Mondes. Morgen sehen wir uns Perseus, Andromeda und Pegasus genauer im Buch an, damit wir, wenn die Mondsichel wieder ganz schmal ist, sie auch am Himmel erkennen können."

Am nächsten Tag regnete es bis in die Nacht. Den Schafen machte das nichts aus, aber der Großvater und Pavlos mussten im Regen einherstapfen, und beide wurden nass bis auf die Haut. Sie kamen viel früher nach Hause als sonst, und deshalb blieb mehr Zeit, sich das Sternenbuch anzusehen. „Siehst du", sagte der Großvater, „Perseus hat einen dreieckigen Helm auf, so wie der, den ich dir einmal aus Papier gemacht habe!"

„Aber", sagte Pavlos, „die Andromeda ist das schwierigste von allen Sternbildern. Sie ist so weit ausgebreitet!"

„Das Beste ist, wenn du zuerst Pegasus betrachtest, das geflügelte Pferd. Das ist nämlich leichter zu finden, der große Flügel sieht aus wie ein riesiges Viereck, und dahinter ist schon das restliche Pferd. Und dann findest du die liegende Andromeda dazwischen neben dem Flügel, der auch ein Teil von ihr ist. Über der Andromeda ist Kassiopeia.

Wenn man das weiß, kann man mit etwas Fantasie die Umrisse der Andromeda erkennen."
„Ach", sagte Pavlos, „und da ist ja auch das Häuschen, König Cepheus! Wo ist jetzt das Ungeheuer? Da ist der Walfisch. Ist er das Ungeheuer?"
Der Großvater musste nachdenken. Ihm kam es so vor, als ob Stefanides ihm erzählt hätte, dass der Walfisch, der auch Cetus heißt, das Seeungeheuer sei. Sicher war er aber nicht. „Lass uns einmal nachsehen. Auf den letzten Seiten sind alle Sternbilder einzeln abgebildet. Da steht es sicher dabei." Sie suchten lange, und endlich fanden sie den Walfisch, einen Riesenfisch mit großem Kopf und lustigem eckigem Schwanz. Und wirklich, der Name Cetus stand dabei, man sah, wie er die Jungfrau Andromeda bedrohte. Am Rand des Bildes konnte man auch das Sternbild der Fische sehen und dahinter zwei Sterne der Andromeda. „Siehst du", sagte der Großvater, „zwischen dem Ungeheuer und der Andromeda ist doch noch eine weite Strecke, denn die Fische sind dazwischen."
„Die Fische sind merkwürdig", sagte Pavlos, „sie sehen eher wie eine Seeschlange aus. Ich hätte geglaubt, dass sie das Ungeheuer sind!"
„Pavlos", sagte der Großvater, „diese Fische sind eigentlich nicht wichtig, außerdem sind sie schwer zu erkennen. Aber sie sind ein Tierkreiszeichen, und für dich sollten sie interessant sein, denn du bist ein Fisch!"
„Wieso bin ich ein Fisch?"
„Alle, die im späten Februar oder in den ersten Märztagen geboren sind, stehen, wie man so sagt, im Zeichen der Fische. Da ist doch noch ein Buch im Haus des Stefanides über die Astrologie, das werden wir uns anschauen!"
„Astrologie? Was ist das, Großvater?", fragte Pavlos.
„Astrologie ist die Sterndeutung. Leute, die glauben, dass die Sterne wirklich einen Einfluss auf unser Leben und unseren Charakter haben, können in diesem Buch alles finden, was sie suchen. Also zum Beispiel, ob das

kommende Jahr für sie gut oder schlecht sein wird, ob sie eine Reise machen werden und ob sie gesund bleiben. Aber ich habe dir schon gesagt, dass ich nicht sicher bin, ob etwas Wahres dran ist."
Pavlos dachte bei sich, dass es vielleicht ganz lustig wäre, in die Zukunft sehen zu können, zum Beispiel, wie die Schule aussehen werde … „Großvater, und was bist du?", fragte Pavlos.
„Ich bin ein Stier."
„Ein Stier? Ist das sehr weit weg von den Fischen?"
„Nein", antwortete Nikolaos, „zwischen den Fischen und dem Stier ist nur noch Aries, der Widder."
„Siehst du, wenn man ein Schaf ist, kann man sogar als Sternbild an den Himmel versetzt werden! Wirst du mir die Geschichte vom Widder auch einmal erzählen?"
„Sicher, aber der Widder ist ein so kleines, unscheinbares Sternbild, dass es kaum zu sehen ist. Pavlos, alle Sternbilder kannst du gar nicht sehen, nicht, weil sie so schwach leuchten, sondern weil sie nur für die Menschen auf der anderen Hälfte der Erdkugel sichtbar sind!"
„Aber in diesem Buch sind sie doch alle drin, nicht wahr?"
Der Großvater nickte. „Darüber reden wir später, wenn du dich erst einmal auf unserer nördlichen Himmelshälfte auskennst."
Am nächsten Tag regnete es nicht mehr, aber das Wetter war trüb. „Heute ist es zu nass", sagte Nikolaos, „um uns irgendwo hinzusetzen, gehen wir also lieber den ebenen Weg durch das Tal, und dabei erzähle ich dir die Geschichte vom Widder."
Die Schafherde wollte zwar lieber auf die Hügel steigen, aber Pavlos und sein Hund hatten sie bald auf dem richtigen Weg. Vorne lief der große alte Widder, und Pavlos hätte gern gewusst, ob der am Himmel auch so ein schönes Tier gewesen war, bevor er ein Sternbild wurde. „Dieser Widder

am Himmel war ein ganz besonderer, er hatte ein Goldenes Vlies!", sagte der Großvater. „Sein Fell war aus reinstem Gold. Um dieses Vlies wurde später sehr gekämpft, aber das ist wieder eine andere Geschichte, die hier noch nicht hergehört.

Also, es war einmal ein König in Theben, der hatte eine wunderschöne Frau und zwei wunderschöne Kinder. Ein Mädchen und einen Knaben. Sie hießen Helle und Phryxus. Leider starb die Königin sehr früh. Die Kinder waren ungefähr so alt wie du, als der König ein zweites Mal heiratete. Die neue Königin aber mochte die Kinder nicht. Als der Götterbote Merkur, der die Kinder sehr liebte, hörte, dass die Königin sogar daran dachte, die Kinder zu töten, schickte er den beiden einen Widder mit einem goldenen Vlies. Kaum sahen die Kinder das wunderschöne Tier, als sie auch schon hineilten und sich auf seinen Rücken setzten.

Da erhob sich der Widder in die Luft und flog mit ihnen davon. Als sie aber zur Meerenge zwischen Europa und Asien kamen, fiel Helle herunter und ertrank im Wasser. Phryxus wurde gerettet. Dort, wo Helle ertrunken ist, heißt das Meer seitdem Hellespont. Als der Widder viel später starb, hängte man das Goldene Vlies in einen heiligen Hain und ließ es von einem Drachen bewachen, der nie ein Auge zumachte."

„Diese Geschichten sind alle herrlich! Wer hat sie nur aufgeschrieben?"

Der Großvater erwiderte, es seien viele verschiedene Leute gewesen, die im Laufe der Jahre immer ein Stück dazugedichtet hätten. „Zuerst waren es nur Sagen, die von Mund zu Mund gingen, und die Geschichtenerzähler schmückten die Erzählungen aus, und dann wurde langsam eine große Sammlung daraus, die man die Mythologie nennt."

„Jetzt weiß ich schon sehr viele Geschichten, Großvater", sagte Pavlos, „und ich könnte auch so ein Märchenerzähler werden!"

„Sicher, mein Kleiner. Seit es aber Bücher gibt und viel mehr Menschen lesen und schreiben können, hat das Märchenerzählen aufgehört. Heute erzählen nur mehr Großmütter und Großväter Märchen!"

ORION UND DER GROSSE HUND

Als Nikolaos nach Hause kam, sagte die Mutter, es sei ein Mann aus der Stadt da gewesen und habe für Pavlos einen Brief hinterlassen. Das war eine Aufregung! Noch nie hatte Pavlos einen Brief bekommen. Er konnte es gar nicht erwarten, ihn aufzumachen. Sie breiteten ihn auf dem Tisch aus und lasen ihn laut vor:

Sehr geehrter Herr Manides!

Wir haben die Ehre, Ihnen mitzuteilen, dass in unserem Büro in Volos 200 Drachmen für Sie bereitliegen, die Sie jederzeit abheben können. Es handelt sich hierbei um die erste Zahlung für das kommende Schuljahr, das allerdings im Herbst dieses Jahres begonnen werden muss. Weitere Geldüberweisungen an Sie und Ihren Herrn Großvater Nikolaos Manides, betreffend die Verwaltungsgehälter und Spesen, erhalten Sie am 1. Juli des nächsten Jahres. Wir hoffen, bald von Ihnen zu hören oder Sie in unserem Büro in Volos begrüßen zu können.

Aufrichtigst, Ihr

Manos Martinides & Co.

Obwohl Pavlos mitgelesen hatte, war ihm nicht ganz klar, was das alles zu bedeuten hatte, aber eines wusste er: Es ging da um Geld, viel Geld sogar. Die Mutter sagte: „Wie im Märchen! Was werdet ihr denn jetzt tun? Müsst ihr die weite Reise nach Volos machen?“

Der Großvater sagte: „Aber nein. Wir schreiben einen Brief und bitten, dass sie uns das Geld zum Notar in unserer Stadt schicken. Der kommt ja jede Woche einmal ins Dorf und kann uns das Geld mitbringen.“ An diesem Abend wurde nur mehr besprochen, was sie mit dem anderen Geld machen würden, dem Geld, das der Großvater als Verwalter bekommen sollte. Der Großvater sagte: „Es wird nichts gekauft, aber ein Hüterbub

muss her, und morgen gehe ich mir einen suchen. Pavlos soll jetzt nicht mehr mit auf die Weide gehen. Er soll sich auf die Schule vorbereiten!" Die Mutter nickte, Pavlos aber wusste nicht genau, ob er sich darüber freuen sollte. Der Großvater sprach weiter: „Dreimal in der Woche gehst du mit mir ins Dorf, und dort bleiben wir im Haus des Stefanides und lernen zusammen. Die Sterne sind dabei nicht das Wichtigste! Man muss auch ein wenig rechnen können, das kannst du noch nicht sehr gut. Und wir werden andere Bücher finden und darin lesen. Du wirst sehen, das macht Spaß!"
Diese Idee gefiel Pavlos, aber dann erinnerte er sich an den 31. Dezember und sagte: „Großvater, die Sterne wirst du mir schon weiter erklären, nicht wahr?"
Nikolaos antwortete: „Natürlich, mein Kleiner, und heute Abend zeige ich dir im Buch eines der schönsten Sternbilder."
„Der Orion", erzählte der Großvater später, als sie das Sternbild im Buch gefunden hatten, „ist mein liebstes Sternbild. Gegen Sommer rückt er immer mehr an den Horizont, und dann ist er teilweise auch verschwunden, aber im Winter ist er das Schönste, was es am Himmel gibt. Oben, wie du siehst, ist eine Art Dreieck. Das ist der Kopf mit den Schultern. Dann ist außen sein Schild oder Bogen, wie man will, und dann kommt der schöne dreisternige Gürtel, darunter das Schwert und seine leuchtenden Füße. Gefällt er dir?"
„Ja", erwiderte Pavlos, „aber wieso sind zwei von den Sternen so groß gezeichnet?"
„Jedes Sternbild hat große und kleine Sterne, und manche haben Riesensterne, die ganz hell leuchten. Der Orion hat gleich zwei berühmte Sterne: Die eine Schulter heißt Beteigeuze, und ein Fuß wird Rigel genannt." Da gab es neben Orion auf der Karte auch einen Fluss, den Eridanus, und den

Großen Hund. Pavlos entdeckte gleich wieder einen Riesenstern, und der Großvater sagte: „Dieser hier im Großen Hund ist der größte und hellste Stern am ganzen Sternenhimmel, und er heißt Sirius. Aber der steht jetzt ganz am Horizont!"
„Was weißt du über den Orion?", fragte Pavlos, und der Großvater begann, die Geschichte zu erzählen: „Es war einmal ein großer Jäger, der hieß Orion. Er war so schön, groß und stark, dass kein Tier ihm zu gefährlich erschien. Die Götterkönigin Juno aber wurde böse, als sie sah, dass er hochmütig wurde. Sie schickte einen Riesenskorpion aus, der plötzlich neben Orion aus der Erde kroch und ihn in die Ferse stach. Orion starb an dem tödlichen Gift. Diana aber, die Göttin der Jagd, die Orion über alles liebte, erbat sich vom Götterkönig, dass Orion unsterblich werde, indem er ihn als Sternbild an den Himmel versetzte. Dort steht er nun, weit weg vom Skorpion mit seinem großen Stern Antares, der auch an den Himmel versetzt wurde, ihm aber nichts mehr tun kann. Orions treue Gefährten, die ihm auf der Erde so gute Dienste geleistet hatten, seine Hunde Canis major und Canis minor, durfte er mit in den Himmel nehmen. Jetzt ist gerade eine günstige Zeit, in der man den Orion gut sehen kann."
Es folgte eine Reihe von Tagen, an welchen Pavlos allein mit den Schafen auf die Weide ging, während der Großvater sich nach einem Hüterbuben umsah. Heute Abend würde er den Großvater fragen, wie lange es noch sei bis zum 31. Dezember. Bis dahin musste er alle Sternbilder kennen, zumindest die wichtigen! Pavlos ging mittags nicht nach Hause. Er hatte sich ein Stück Brot und Käse eingesteckt, ging nun zur Quelle, wo auch die Schafe trinken konnten, und setzte sich daneben. Am frühen Nachmittag sah er vom Haus her den Großvater auf sich zukommen. In der Hand hielt er etwas Blaues, das er hin und her schwenkte. „Siehst du", sagte Nikolaos etwas außer Atem, „ich habe an dich gedacht und dir ein schönes Heft

zum Schreiben gekauft." Pavlos war nicht sehr erfreut, das Schreiben war ihm immer nur wie ein notwendiges Übel vorgekommen.
Zu Hause setzte sich Pavlos vor sein neues blaues Heft und begann, die Namen der Sternbilder aufzuschreiben, die er schon kannte. Immerhin waren es bereits elf! „Sag einmal, Großvater, wie viele Sternbilder gibt es denn überhaupt?", wollte Pavlos wissen, und Nikolaos antwortete: „Von den ältesten, die ein Mann namens Ptolemäus aufgeschrieben hat, gibt es 48. Insgesamt werden heute 88 Sternbilder gezählt. Ein Teil ist an unserem Himmel zu sehen, die restlichen sind von der südlichen Erdhälfte aus sichtbar. Eines aber ist wichtig: Alle Sterne, die in der Nähe unseres Polarsterns stehen, können wir das ganze Jahr hindurch sehen. Andere Sterne wieder sind je nach der Jahreszeit im Frühling, im Sommer, im Herbst oder im Winter sichtbar."
„Die Sterne, die wir bis jetzt behandelt haben, kann man das ganze Jahr hindurch sehen, nicht wahr?", fragte Pavlos.
„Nein. Andromeda und Perseus zum Beispiel und auch der Pegasus sind nicht immer zu sehen. Das sind richtige Wintersterne. Aber der Große und der Kleine Bär, Cepheus, die Kassiopeia und der Drache, von dem du noch nichts weißt, sind das das ganze Jahr lang zu sehen."
An diesem Abend saßen Nikolaos und Pavlos, fest in Decken gehüllt, vor der Tür, und der Großvater zeigte dem Buben den Orion. Die Sterne rundherum kannte Pavlos alle noch nicht, und es gab noch keine Anhaltspunkte, um den Orion zu finden. „Siehst du, unter dem Orion, etwas seitlich von ihm, ist der Fluss Eridanus, diese lange Reihe an Sternen, die sich bis zum Horizont zieht. Darüber erzähle ich dir aber ein anderes Mal. Jetzt schau dir den Orion an: Siehst du die eine Schulter, Beteigeuze, und den linken Fuß, Rigel, wie die leuchten, obwohl der Mond so hell ist? Und siehst du die Hand mit dem Bogen? Da kann ich dir jetzt auch mein Stern-

bild, nämlich den Stier, zeigen. Gleich über dem Bogen steht wieder ein leuchtender Stern, der Aldebaran im Stier. Leider muss ich dir sagen, dass dein Sternbild zum Unterschied von meinem keinen ganz großen Stern hat."

„Sag, Großvater, was sind das für Namen, die Namen dieser Sterne? Sind das auch einmal Menschen gewesen?"

„Ich glaube, einige dieser Namen stammen aus alten Sprachen, Pavlos, aber sicher bin ich nicht."

Da sagte Pavlos leise: „Wenn Stefanides jetzt da wäre …" Beide blieben eine Zeitlang stumm.

„Übrigens", fuhr Nikolaos dann fort, „ist mein Stier auch kein so einfaches Sternbild. Mit viel Fantasie kann man, weil das Ganze ja ziemlich klein ist, neben dem Aldebaran die vier Beine sehen und oberhalb vom Aldebaran die zwei Hörner, aber das ist leichter auf der Sternenkarte zu erkennen als am Himmel! Es gibt noch ein lustiges Sternbild, das ich dir gleich zeigen will, weil es eher wie ein kleiner Haufen von Sternen aussieht, und das findest du am Ende des einen Stierhorns. Siehst du's? Das sind die Pleiaden, schöne Flussgöttinnen, die Orion mit seiner Liebe verfolgte und die Jupiter vor ihm rettete, indem er sie in Tauben verwandelte und als Sternbild an den Himmel versetzte. Da stehen sie nun, ein verschrecktes Häufchen, aber sicher vor dem Pfeil des Orion, weil das Sternbild des Stieres dazwischensteht."

„Und der Stier? Was hat der für eine Geschichte?", fragte Pavlos.

„Mit dem Stier", erzählte Nikolaos, „ist das seltsam. Wieder einmal hatte sich der Götterkönig Jupiter in ein Menschenwesen verliebt. Und diesmal war es eine Jungfrau namens Europa. Er verwandelte sich, um sie nicht zu erschrecken, in einen Stier, der friedlich auf der Weide graste, dort, wo sie spazieren ging. Da näherte er sich und tat ganz zahm. Aber als sie ihn streicheln wollte, senkte er den Kopf und warf sie mit seinen Hörnern, ohne ihr wehzutun, auf seinen Rücken und stürmte mit ihr davon. Bald kamen sie ans Meer, und er schwamm mit ihr durch die Fluten. Weil sich Jupiter später gern an das Abenteuer erinnerte, setzte er einen Stier als Sternbild an den Himmel. Nun komm, wir gehen ins Haus, es ist kalt."

Die Mutter gab ihnen als Gute-Nacht-Trunk heiße Milch mit Honig. „Danach träumt man am besten", sagte sie.

Der nächste Tag war sehr kalt, aber schön. In der Nacht war etwas Schnee gefallen, und die Hügel waren überzuckert. „Mir ist heute zu kalt, Pavlos", sagte der Großvater, „aber wenn wir uns jetzt über das Sternbild der Fische, also über dein Sternbild, unterhalten und ich es dir auf der Karte genau zeige, kannst du vielleicht kurz hinausgehen und es selbst finden."

Während sie das Sternbild der Fische im Buch anschauten, sagte Pavlos: „Weißt du, Großvater, die Fische sehen wirklich aus wie eine Schlange!"

„Stimmt“, antwortete der Großvater. „Es war einmal ein böser Riese, der Typhon hieß und alles, was ihm entgegenkam, zu vernichten suchte. Seine Brüder waren nicht viel besser, und so wurden sie von Jupiter, dem Götterkönig, unter die Erde verbannt, wo sie seither die Vulkane heizen und die Erdbeben verursachen. Eines Tages nun brach Typhon aus, und das Erste, was er am Wege fand, war die Göttin Venus, die mit ihrem Sohn Cupido auf einer Wiese spielte. Um dem Riesen zu entkommen, stürzten sich Venus und Cupido in die Wellen des Flusses Euphrates und verwandelten sich in Fische. Minerva aber, die Göttin der Weisheit, die von einer Wolke zusah, setzte zur Erinnerung an diese wunderbare Rettung zwei Fische als Sternbild an den Himmel.“

„Eine kurze Geschichte“, sagte Pavlos etwas enttäuscht, „und große Sterne gibt es auch keine in den Fischen!“

„Dafür aber bist du ein ganz besonders feiner Fisch!“, erwiderte der Großvater. Pavlos lachte, und der Großvater sprach weiter: „Weißt du, man kann sich eben nicht aussuchen, unter welchem Stern man geboren wird.

Man muss zufrieden sein mit dem, was man ist. Aber jetzt schau dir deine Fische einmal genau an! Also hier sind Kassiopeia, Cepheus, Perseus, Andromeda, Pegasus, das sind jetzt schon alles alte Bekannte. Schau einmal hierher unter das große Viereck des Pegasus. Was siehst du?"
„Das ist der Walfisch, das Ungeheuer Cetus!", rief Pavlos, und Nikolaos fuhr fort: „Und zwischen dem Walfisch und dem Viereck des Pegasus diese Schlange, das sind die Fische. Kannst du dir das merken?" Pavlos nickte. Da sagte der Großvater: „So, und jetzt zieh dich warm an, spring hinaus und sieh nach, ob du die Fische auch am Himmel finden kannst."
Pavlos beeilte sich. Draußen war es gar nicht finster, der Mond war noch ziemlich voll und überstrahlte daher einige Sterne. Kaum hatte der Hund draußen Schritte gehört, war er auch schon da und setzte sich neben ihn. Pavlos blickte zum Himmel auf. Er versuchte sich an alles zu erinnern, was der Großvater gesagt hatte. Es war wirklich ein wunderbarer Anblick! „Ich bin schon ein richtiger Astronom", dachte Pavlos und ging wieder zurück ins Haus. Aber vorher streichelte er noch seinen Schäferhund: „Bis jetzt hast du Colo geheißen, nun taufe ich dich Sirius, denn du bist der größte unter allen Hunden."
Pavlos erzählte dem Großvater und der Mutter, was er gesehen hatte. „Mein Gott", seufzte die Mutter, „ihr zwei mit euren Sternen! Als Nächstes werdet ihr noch ein Fernrohr haben wollen!"
Da riefen beide wie aus einem Mund: „Eine herrliche Idee!" Und Nikolaos fuhr fort: „Wenn du von irgend jemandem hörst, der ein Fernrohr zu verkaufen hat, sag es uns!"

DIE FAHRT MIT DEM GOLDENEN WAGEN

Da es am nächsten Abend etwas wärmer war, ging der Großvater zusammen mit Pavlos vors Haus. Es war lustig zu beobachten, wie die Sternbilder, die Pavlos nun schon erkannte, aus den Wolken und wieder hinein huschten. Lange sahen sie diesem Schauspiel zu, ohne zu reden. Dann sagte Nikolaos: „Heute erzähle ich dir die traurige Geschichte des Eridanus, der sich dort unter dem Orion dahinschlängelt. Phaeton war der Sohn des Sonnengottes Phöbus, auch Apollo genannt. Seine Mutter war eine Quellnymphe, also eine Wassergöttin, doch Phaeton wuchs auf wie andere Kinder, er spielte im Wald und auf den Wiesen. Eines Tages erzählte er seinem besten Freund, dass sein Vater der Sonnengott sei. Der Freund lachte und meinte, dass das ganz unmöglich wäre. Dann fragte er, ob Phaeton irgendeinen Beweis erbringen könne, dass er einen göttlichen Vater habe. Phaeton ging zu seiner Mutter und erzählte ihr die ganze Geschichte.

‚Wenn du einen Beweis brauchst', sagte die Nymphe, ‚dann such deinen Vater auf. Wandere dorthin, wo die Sonne untergeht, bis du zu einem Berg kommst, hinter dem sie im Meer versinkt. Dort rufst du nach deinem Vater, und er wird dich hören.'

Phaeton machte sich also auf den Weg. Er wanderte viele Tage, immer nach Westen, bis er ans Meer kam. Dort wartete er, bis die Sonne untergegangen war, und rief dann mit lauter Stimme: ‚Vater, Apollo, höre mich, deinen Sohn Phaeton! Gib mir ein Zeichen, dass du mich erkennst!'

Da sah er es auf einem Hügel wie von tausend Sternen blitzen, und er ging dem Licht nach, bis er zu einem herrlichen gläsernen Palast kam. Im Palast aber saß auf einem goldenen Thron Apollo selbst und winkte ihm zu. Phaeton konnte den Anblick von so viel Licht kaum ertragen, so dass

Apollo seine Strahlenkrone abnehmen musste, damit sie seinen Sohn nicht blendete. Phaeton kniete sich vor den Thron, voll Bewunderung.
Apollo aber sagte: ‚Steh auf, mein Sohn, ich weiß, warum du zu mir gekommen bist. Weil ich will, dass du wirklich als mein Sohn anerkannt wirst, will ich dir jeden Wunsch erfüllen. Bedenke aber, dass du zwar mein Sohn bist, dass du jedoch nicht unsterblich bist wie ich. Also wünsch dir etwas, mein Sohn, aber wähle weise!' Phaeton, ungestüm und jung, wie er war, dachte nur an eines: Einmal wollte er den goldenen Sonnenwagen fahren, einmal nur die goldenen Rosse lenken, einen Tag nur die Sonne sein.
Bestürzt vernahm Apollo diesen Wunsch. ‚Kind, bedenke doch, was du verlangst', sagte er voller böser Ahnungen, ‚die Rosse sind wild, und der Wagen ist schwer zu lenken! Was die Glut speienden Nüstern berühren, geht in Flammen auf! Nein, mein Sohn, wünsch dir etwas anderes!'
Aber Phaeton wollte nichts anderes, und Apollo musste ihm den Wunsch erfüllen. Sie warteten, bis der Mond untergegangen war, dann ließ der Sonnengott die Rosse mit dem herrlichen goldenen Wagen vorfahren.
‚Bleib immer auf dem Weg, den die Pferde dir selbst anzeigen, und versuche nicht, sie auf Abwege zu leiten, sonst bist du unrettbar verloren', befahl Apollo. Phaeton aber lachte, so sicher fühlte er sich. Kaum war Phaeton eingestiegen, rasten die Pferde auch schon davon. Sie warfen den Wagen hin und her und gerieten bald vom Weg ab. Phaeton versuchte mit aller Macht, sie zu zügeln, aber er war viel zu schwach dazu. Ganz nahe kamen sie an den Kleinen und den Großen Bären und versengten das Fell der Tiere, so dass diese vor Angst davonliefen. Die Rosse stürzten nahe an große Bergwälder heran, dass diese hell zu brennen anfingen, dann ging es wieder steil hinauf. Die Erde brannte.
Als die Rosse sich wieder nach unten stürzten und die Wälder in der Ebene

Feuer fingen, schrie die Erde um Hilfe. ‚Jupiter, höre mich, rette mich und alle Menschen und Tiere!' Da sandte Jupiter einen Blitz, der Phaeton traf, so dass er brennend aus dem Wagen stürzte. Wie ein Meteor raste er durch die Luft, bis der Fluss Eridanus ihn gütig aufnahm. Die Flussgöttinnen aber begruben ihn in ihren Wellen und beklagen ihn immer, wenn am frühen Morgen die Sonne aufgeht."
„Wie schrecklich! Armer Phaeton!", sagte Pavlos. „Das ist aber mehr die Geschichte des Phaeton als die des Eridanus!"
„Ja", erwiderte der Großvater, „aber es ist die einzige Geschichte, in der zumindest der Name Eridanus vorkommt. Und da fehlt noch, dass die Schwestern des Phaeton, die man die Heliaden nennt, in Pappeln verwandelt wurden, die am Flussufer Tag für Tag in tiefem Schmerz ihren Bruder betrauern."
„Das ist wirklich eine traurige Geschichte. Ist der Fluss Eridanus das ganze Jahr über zu sehen?"
„Oh nein", antwortete Nikolaos. „Eridanus ist ein Wintersternbild so wie der Orion, und er steht so weit südlich, dass er bei uns nie ganz sichtbar ist. Im Sommer aber haben wir, ungefähr dort, wo jetzt der Eridanus fließt, das Sternbild des Skorpions. Die Geschichte des Skorpions, der Orion gestochen hat, kennst du ja. Aber den kann ich dir nur auf der Karte zeigen. Jetzt ist es genug, ich habe schon kalte Füße!"
Im Buch sah sich Pavlos den Skorpion an. Da war ein besonders großer Stern, ganz vorn am Kopf, der Pavlos gut gefiel. „Das ist Antares", sagte Nikolaos, „ein besonders heller Stern, aber bei uns immer nur am Horizont zu sehen. Schau dir nun einmal den Großen Hund an, den Canis major, mit seinem großen Stern Sirius. Um ihn zu finden, brauchst du nicht lange zu suchen, er ist heller als alles am Himmel, ausgenommen der Mond natürlich!"

„Ich habe ihn schon allein gefunden“, sagte Pavlos stolz. „Und der Kleine Hund des Orion?“
Da zeigte der Großvater auf den schönen großen Stern Prokyon: „Da ist er. Unter ihm ist Sirius.“
Pavlos sah neben dem Großen Hund noch eine Sterngruppe, bei der „Lepus“ stand. „Und was ist das?“, wollte er wissen.
Der Großvater antwortete, das sei der Hase. „Man sagt, dass er das Lieblingstier des Orion war und dass man ihn deshalb in seine Nähe am Himmel gesetzt hat.“
„Was fehlt denn eigentlich noch?“, wollte Pavlos wissen.
Nikolaos dachte ein wenig nach. „Also, da fehlen die Zwillinge, der Fuhrmann, der Drache, die Leier, der Schwan ...“
Pavlos unterbrach seinen Großvater: „Oh, du meine Güte, so viel? Wie soll ich denn das alles vor dem 31. Dezember lernen?“
„Geduld, Geduld“, erwiderte Nikolaos, „es wird schon gutgehen.“
Am nächsten Tag, als Pavlos gerade aufstand, klopfte es an die Tür, und herein kam ein Bub in seinem Alter, aber etwas größer. Er sagte: „Hallo, du bist Pavlos, nicht wahr?“ Als Pavlos verwundert nickte, sagte der Bub: „Ich bin der neue Hüter, mein Name ist Konstantin.“ Sie schüttelten sich die Hände, und Pavlos nahm ihn mit hinaus, wo der Großvater schon dabei war, die Herde aus dem Stall zu führen.
Der Großvater sagte: „Ah, fein, dass du da bist! Ich habe dich schon erwartet. Heute gehen wir alle drei zusammen mit der Herde, und morgen musst du es allein tun, aber mit Hilfe unseres Colo.“
Pavlos sagte: „Großvater, er heißt nicht mehr Colo, ich habe ihm den neuen Namen Sirius gegeben.“ Der Hüterbub wollte wissen, warum gerade Sirius. Und Pavlos antwortete, weil der Sirius der schönste Stern am Himmel sei und im Sternbild des Hundes stehe.

Konstantin sah ihn mit großen Augen an, er verstand überhaupt nicht, was Pavlos meinte. „Weißt du", erklärte der Großvater, „Pavlos ist unter die Sterngucker gegangen, und bald wird er so viel wissen über sie wie du über unsere Schafe."
„Vielleicht", sagte Konstantin, „kann er mir das dann auch einmal erklären?"
„Sicher, sicher, aber zuerst muss er selbst noch vieles lernen, weil er noch lange nicht am Ende ist."
Zu dritt gingen sie hinaus auf die Weide, und der Großvater zeigte Konstantin genau, wie er die Herde auf dem Weg hielt, dort, wo das Gras am besten war. „Sie werden dich bald kennen", sagte er, „und gern tun, was du ihnen sagst." Konstantin war ein kluger Bub, und es war gar nicht schwer, ihm alles zu erklären.
Die drei aßen ihr Mittagessen auf der Wiese, und Konstantin wollte wissen, was Pavlos an den Tagen machen würde, an denen Konstantin die Herde übernahm. Da antwortete Pavlos stolz: „Ich gehe mit dem Großvater in die Schule." Pavlos erzählte seinem neuen Freund alles über Stefanides' Haus und die Bücher und dass er im Herbst in die Schule gehen solle.
„Ich hüte lieber Schafe", sagte Konstantin. „Lesen und Schreiben ist eine mühsame Sache."
„Warte nur", sagte der Großvater, „bis wir auch in unserem Dorf eine Schule haben werden. Dann wirst auch du gern lernen." Und er dachte dabei an Stefanides und dessen großmütiges Vermächtnis.
Nach dem Abendessen kehrte Konstantin ins Dorf zurück. Die Mutter wollte wissen, wie es denn gegangen sei, und der Großvater antwortete: „Er ist sehr aufmerksam, und laufen kann er wie ein Wiesel. Also mach dir keine Sorgen, es wird alles gutgehen."
Es war ein kalter Abend, und der Mond war schon eine schmale Sichel, als

die beiden Sterngucker den Himmel betrachteten. „Heute“, versprach Nikolaos, „zeige ich dir ein wunderschönes Sternbild. Im Buch, glaube ich, hast du es schon gesehen. Rechts unter den Beinchen des Cepheus findest du einen großen, leuchtenden Stern.“
Pavlos suchte ein Weilchen. „Da sind aber zwei.“
„Einer ist nicht ganz so groß wie der andere und auch näher dem Cepheus.“
„Wie heißt er denn?“
„Das ist der größte Stern im Schwan“, sagte Nikolaos, „und heißt Deneb.“
„Gehört der Schwan zu den Tierkreiszeichen?“
„Nein, er ist weit entfernt vom nächsten!“
„Eigentlich“, sagte Pavlos, „sieht er eher aus wie ein Kreuz.“
„Nicht, wenn du dir vorstellst, dass es ein fliegender Schwan ist, mit einem großen, leuchtenden Kopf. Also“, fuhr Nikolaos dann fort, „die Geschichte dieses Schwans will ich dir jetzt erzählen: Der Götterkönig Jupiter hatte sein Herz ganz an die Königin Leda verloren. Da sie sich aber vor ihm fürchtete, verwandelte er sich in einen Schwan und konnte in dieser Gestalt viele Stunden mit ihr verbringen. Zur Erinnerung an dieses hübsche Abenteuer versetzte Jupiter einen Schwan als Sternbild an den Himmel. Weil du mich aber vorher auf den anderen großen Stern in der Nähe aufmerksam gemacht hast, zeige ich dir gleich, zu welchem Sternbild er gehört. Das ist nämlich die Leier, und der Stern heißt Wega.“
„Was es da alles gibt“, wunderte sich Pavlos, als er die Wega gefunden hatte. „Wie viele Sterne gehören eigentlich zur Leier?“
„Fünf, glaube ich“, sagte der Großvater, „schauen wir einmal genau hin.“
Neben der hell leuchtenden Wega schienen die anderen Sterne winzig klein. Der Großvater sagte, die kurze Geschichte der Leier könne er auch gleich erzählen. „Die Leier, die der Götterbote Merkur erfunden hat, war

das Sinnbild der Musik und der Künste, und er schenkte sie Apollo, um einen alten Streit zu beenden. Man sagt, dass Merkur eines Tages den Panzer einer Schildkröte fand und Ochsenleder darüber spannte. Dann machte er sieben dünne Schnüre aus Schafsdärmen und zog sie darüber. So wurde die erste Leier erfunden. Noch eines will ich dir sagen: dass Merkur als Gegengeschenk einen wunderbaren goldenen Stab bekam, mit dem er die himmlische Herde hütete. Er wurde auch als Schutzpatron der Herden verehrt." Pavlos wollte wissen, wo denn die Schafe seien, und Nikolaos meinte, dass die Schafe die kleinen weißen Wölkchen wären, die manchmal am Himmel zu sehen sind. „Für heute ist's genug", entschied er, „morgen erzähle ich dir dann alles über den Drachen."
„Bitte, zeig ihn mir noch heute!"
Der Drache war nicht leicht zu finden. „Siehst du die Wega?", fragte der Großvater. „Gleich oberhalb der Wega, zwischen ihr und dem Polarstern, liegt der Kopf und das erste Stück vom Drachen. Alles, was nicht zum Kleinen Wagen gehört, ist der Drache, er endet auf dem letzten Stern des Großen Wagens."
„Es ist ein schwieriges Sternbild", sagte Pavlos, „wie viele Sterne hat es eigentlich?"
„Ich weiß es nicht genau", erwiderte der Großvater, „aber wir können ja später im Buch nachschauen."
Im Buch sahen sie sich nach dem Abendessen die Leier, den Schwan und den Drachen an. Da war ein herrlicher Drache abgebildet, mit feurigem Rachen, riesigen Füßen, so wie es Pavlos im Traum gesehen hatte, und einem Schwanz voll hässlicher Schuppen. Pavlos sah unterhalb des Drachen auch das Sternbild des Herkules: ein Riese mit einer großen Keule in der Hand, als ob er den Drachen erschlagen wollte. „Erzähl mir noch diese Geschichte!", bat Pavlos.

„Die Geschichte des Drachen“, erklärte der Großvater, „gehört zu der Geschichte des Herkules. Zuerst also die Geschichte vom Herkules. Dazu gehören wiederum mehrere Sternbilder, die du alle noch nicht kennen gelernt hast: Da sind der Löwe, die Hydra, der Krebs und der Zentaur.“ Die Mutter setzte sich zu ihnen und hörte zu, als der Großvater begann: „Herkules war der Sohn des Jupiter, und seine Mutter war die schöne Alkmene. Jupiters Gemahlin, die Götterkönigin Juno, aber wurde von schrecklicher Eifersucht geplagt und wollte sich an dem Kind rächen. Schon als Herkules in der Wiege lag, versuchte sie, das Kind durch zwei Schlangen zu töten.“

Die Mutter fragte: „Kann denn eine Göttin so grausam sein?“

„Die Götter, besonders aber die Göttinnen, waren oft furchtbar grausam. Obwohl er noch ein Säugling war, verfügte Herkules aber schon über solche Kräfte, dass er die zwei Schlangen in der Wiege erwürgen konnte! Er wuchs auf unter der Obhut des Zentauren Chiron, von dem ich schon erzählt habe. Damals herrschte in Griechenland Eurystheus, ein Günstling der Götterkönigin Juno, die ihn anstiftete, Herkules zwölf gefahrvolle Aufgaben zu stellen:

Als erste Aufgabe musste er zum Beispiel einen riesigen Löwen bezwingen. Herkules versuchte, ihn zuerst mit seinen Pfeilen zu erlegen, als das aber nicht gelang, warf er seine Waffen weg und erwürgte das gewaltige Tier mit bloßen Händen. Als zweite Aufgabe tötete Herkules die schreckliche Hydra. Sie war eine Riesenschlange mit neun Köpfen und wohnte in den großen Sümpfen im Inneren des Landes. Juno ließ auch noch einen großen Krebs aus der Erde hervorkriechen, um der Hydra zu Hilfe zu eilen. Herkules, nun schon verzweifelt, erschlug zuerst den Krebs, dann wandte er sich gegen die Hydra. Er scheuchte sie mit brennenden Pfeilen aus ihrer Höhle und versuchte, sie mit der Keule zu erschlagen. Aber jedes Mal,

wenn er einen Kopf getroffen hatte, wuchs ihr ein neuer nach. Darauf brannte er die Köpfe mit glühenden Fackeln ab, und den letzten, der unsterblich war, begrub er unter einem großen Felsen."
Pavlos wollte wissen, ob Herkules ein Mensch oder ein Gott war, und Nikolaos antwortete, er sei ein Halbgott gewesen. Bei seinem Tode aber machte ihn Jupiter unsterblich, indem er Herkules an den Himmel versetzte.
In dieser Nacht kämpfte Pavlos im Traum mit Riesenkrebsen, Drachen und wilden Löwen. Er war froh, als Nikolaos ihn am Morgen aufweckte. Draußen vor der Tür stand schon Konstantin und begrüßte Pavlos mit einem freundlichen Lachen. Pavlos wusch sich am Brunnen und sagte zu Konstantin, der im Begriff war, die Schafe hinauszutreiben: „Wir holen dich dann von der Weide ab, wenn mir nichts mehr in den Kopf will!" Er freute sich sehr, wieder in Stefanides' Haus gehen zu dürfen. „Sicher wird es aber auch traurig sein, denn der gute Stefanides ist nicht mehr da. Und ich kann ihn nicht mehr nach dem Mondstrahl fragen!", dachte Pavlos.
Als Nikolaos sah, wie nachdenklich Pavlos war, sagte er: „Ich werde dir jetzt von einigen anderen Taten des Herkules erzählen, wenn sie auch nichts mit den Sternen zu tun haben, damit die Zeit schneller vergeht. Eurystheus war noch nicht zufrieden und befahl Herkules, ihm den wilden Eber, der in den Wäldern nahe der Hauptstadt hauste, lebendig zu bringen. Als Herkules wirklich mit dem Eber ankam, fürchtete sich der König so sehr vor dem Untier, dass er sich in einem Weinfass versteckte."
Pavlos musste lachen. „Als Nächstes musste Herkules die Menschen fressenden Stuten des Diomedes fangen. Diomedes war aber der Sohn des Kriegsgottes Ares und selbst ein wilder Geselle! Da nahm sich Herkules einige Helfer mit. Als Diomedes das sah, schickte er alle seine Krieger gegen Herkules aus, und eine wilde Schlacht begann. Am Ende siegten

Herkules und seine Mannen, und Diomedes wurde den Stuten selbst zum Fraß vorgeworfen. Viele schreckliche Ungeheuer gab es damals auf der Welt, wie du siehst!“ Pavlos sah im Geist schon wutschnaubende Pferde über die Hügel rasen und all seine Schafe fressen. „Den Gürtel der Amazonenkönigin Hippolyta zu besitzen“, erzählte Nikolaos weiter, „war der nächste Wunsch des Eurystheus. Die Amazonen, musst du wissen, waren ein wildes Volk von Frauen, das auf der anderen Seite des Meeres wohnte. Ihre Königin hieß Hippolyta.

Die Amazonen trugen Schilder und Schwerter, führten Kriege und benahmen sich ganz wie Männer. Männer aber gab es in ihrem Staat nicht. Hippolyta war von der Schönheit und der Stärke des Herkules so beeindruckt, dass sie ihm gern den Gürtel, den der König begehrte, übergab. Aber Juno, die Herkules noch immer mit ihrem Hass verfolgte, verbreitete die Nachricht, dass er die Königin entführen wolle. Darauf griffen die Amazonen zu den Waffen, und es begann ein Kampf, in dem Hippolyta getötet wurde. Herkules war über ihren Tod tieftraurig. Unwillig brachte er den Gürtel dem König. Der König aber gab Herkules immer schwerere Aufgaben zu lösen, weil er hoffte, er werde dabei zugrunde gehen.

Als Letztes musste Herkules dem König die goldenen Äpfel der Hesperiden bringen. Aber er wusste nicht, wo sie zu finden waren. Die Hesperiden waren die Töchter des Atlas, eines Riesen, der sich einmal gegen Jupiter verschworen hatte und als Strafe den Himmel auf seinen Schultern tragen musste!“

Pavlos staunte. „Den ganzen Himmel?“

Nikolaos nickte. Der Atlas war ein großes Gebirge, das es wirklich gab und das er ihm in einem Buch zeigen konnte. Von diesem glaubte man früher, dass der Himmel darauf ruhe. „Nach vielem Suchen“, fuhr er fort, „begegnete Herkules dem Riesen Atlas auf der anderen Seite des Meeres und

fragte ihn, wo die goldenen Äpfel zu finden wären. Da sagte Atlas, dass die Äpfel im Garten seiner Töchter zu finden seien, dass aber ein schrecklicher Drache sie bewache. Auch diesen Drachen tötete Herkules und brachte die Äpfel dem König.“
Inzwischen hatten sie sich dem Dorf genähert und sahen schon die ersten Häuser.

WASSERMANN UND STEINBOCK

Als sie im Dorf ankamen, war auf dem Platz vor dem Haus niemand zu sehen. Die Leute im Dorf, die Stefanides nie verstanden und die sich eher vor ihm gefürchtet hatten, wussten nicht, was für ein großes Geschenk er ihnen mit dem Haus und allen Büchern gemacht hatte. Eines Tages, so hoffte Nikolaos, würde einer der jungen Dorfbewohner sich vielleicht ein Herz nehmen und die Bücher befragen, wenn er etwas wissen wollte. Dann wäre der Bann vielleicht gebrochen.

Nikolaos und Pavlos setzten sich an den großen Schreibtisch. „Er denkt heute an uns", sagte Nikolaos, und Pavlos nickte. „Und er wird uns auch helfen", fuhr der Großvater fort, „du wirst sehen, wie gut es gehen wird mit dem Lernen. Heute nehmen wir uns einen Atlas vor und lernen etwas über die Erde. Da kannst du auch gleich sehen, wie die andere Hälfte der Erdkugel aussieht, wo jetzt Sommer ist und die südlichen Sterne leuchten. Komm, Pavlos, wir suchen einen Atlas." Pavlos fragte, was denn ein Atlas sei, und Nikolaos erklärte ihm, dass das ein großes Buch sei, mit den Landkarten aller Länder der Erde. Nikolaos seufzte. „Ich muss dir leider sagen, Pavlos, dass wir alle Bücher einmal anschauen müssen, damit wir uns zurechtfinden."

„Fein", erwiderte Pavlos, „wir nehmen einfach alle Bücher aus den Regalen und schauen sie an, eines nach dem anderen."

Der Großvater nickte. „Aber weißt du, was das für eine Arbeit ist? Das ist mühevoller als die größte Arbeit des Herkules! Da kommen wir überhaupt nicht mehr zum Lernen!"

„Das macht auch nichts", sagte Pavlos fröhlich, denn er dachte, dass Bücherordnen sicher lustiger wäre als Schönschreiben! Die beiden setzten sich an den Schreibtisch und sahen sich den Atlas an. Da gingen Pavlos die

Augen über! So sah also die Welt aus: Nordamerika mit Südamerika, Afrika, Australien, Asien und Europa! „Schreib diese Erdteile einmal alle in unser Heft, und du wirst sehen, dass du sie dir gleich besser merken wirst!“, sagte der Großvater, während er weiterblätterte. Pavlos lernte an diesem Tag vieles. Wo der Äquator war und wie die Erde sich um sich selbst und die Sonne dreht und wie daraus die Jahreszeiten entstehen, weshalb es auf einer Erdhälfte Sommer und auf der anderen Winter ist.

Der Tag war schnell um. Schneller als je beim Schafehüten! Aber Pavlos dampfte der Kopf von so viel Lernen, wie er sagte. Die Mutter war glücklich, als die beiden nach Hause kamen. Mit Konstantin war alles gutgegangen. Er hatte die Herde wohlbehalten zurückgebracht und saß gerade im Haus beim Essen.

Nach dem Essen ging Konstantin wieder zurück zu seinen Eltern, und der Großvater und Pavlos saßen vor der Tür und betrachteten den Sternenhimmel. „Heute zeige ich dir ein Sternbild aus den Tierkreiszeichen. Pass auf: Such das große Viereck des Pegasus. Jetzt schau etwas darunter. Da sind mehrere Sterne. Vier davon in einer Zickzacklinie gehören zu Aquarius, dem Wassermann. Die darunterliegenden aber, die aussehen wie ein Segel, bilden den Steinbock. Beide sind Tierkreiszeichen. Leider hat keiner von beiden einen besonders großen Stern!“ Pavlos meinte, sie seien schwer auseinanderzuhalten, und Nikolaos musste ihm zustimmen. „Außerdem ist nicht alles vom Steinbock zu sehen“, erklärte der Großvater, „ein Teil ist unter dem Horizont. Es gibt aber noch ein Sternbild, das gerade im Herbst bei uns zu sehen ist, sonst nur am südlichen Sternenhimmel. Das ist der Südliche Fisch. Der Rest des Sternbildes ist sehr blass. Hinter ihm aber steht ein Stern, der weit und breit der einzige Riese ist. Man nennt ihn Fomalhaut. Ich glaube, in einer Stunde wird er schon zu sehen sein.“

„Da kommen wir eben noch einmal heraus, Großvater“, sagte Pavlos, aber

Nikolaos meinte, das sei schon zu spät. „Dann gehen wir jetzt hinein, und du erzählst mir die Geschichte vom Steinbock und vom Wassermann."
Kurz darauf studierten sie die Sternbilder im Buch. „Siehst du da vorn am einen Ende des Wassermannes dieses kleine Sternhäufchen?" Pavlos nickte. „Das ist der Krug, als Sternbild Crater genannt, und dahinter der Wasserträger, der das Wasser holt. Am Himmel ist er nicht leicht zu erkennen, weil er sehr blass ist. Wenn du jetzt noch einmal zurück zum Viereck des Pegasus gehst – leg nur den Finger darauf –, siehst du, wie der Wassermann und der Steinbock in einer Linie darunter liegen." Pavlos fand diese beiden Sternbilder sehr uninteressant, weil sie so blass waren.
Nikolaos begann zu erzählen: „Der Steinbock soll am Himmel den Gott des Waldes und der Natur verkörpern, der Pan heißt. Pan war ein lustiger Geselle, Sohn des Götterboten Merkur, und kam mit Hörnern, Bart und Ziegenfüßen auf die Welt. Es machte ihm großen Spaß, Leute zu erschrecken und allerhand Unfug mit ihnen zu treiben. Am liebsten saß er irgendwo im Wald und spielte auf einer Flöte aus Schilfrohr. Weißt du, das Wort Pan heißt eigentlich: alles. Das heißt, er ist ein ganz Großer unter den Göttern. Er ist die Natur, die Wiesen, Wälder, Flüsse und Seen. In allen Büchern wird er als guter, fröhlicher Geist geschildert und hat es sich verdient, als Sternbild am Himmel zu stehen."
„Siehst du, Großvater, an den Pan würde ich glauben! Wenn man allein durch den kleinen Wald oben am Berg geht und es schon dunkel wird und die Bäume im Wind seltsame Geräusche verursachen, denke ich oft, dass da jemand versteckt ist, den ich nicht sehen kann, der aber mich sieht."
„So ausgeschlossen ist das gar nicht, Pavlos. So wie ich glaube, dass die Seelen der Toten irgendwo um uns sind, nur können wir sie eben nicht sehen, so glaube ich auch, dass es da andere Dinge gibt, von denen wir noch nichts wissen."

„Weißt du“, sagte Pavlos, „manchmal ist auch Sirius seltsam. Er läuft hin und her, er schnüffelt, er stellt die Haare auf, aber ich sehe nichts und ich höre nichts. Ich glaube, er sieht und hört mehr als wir.“
„Hunde haben ein viel besseres Gehör und einen viel feineren Geruchssinn. Darin sind sie uns Menschen überlegen. Aber jetzt kommen wir zum Wassermann. Eigentlich sollte er Wasserträger heißen, er trägt ja einen Krug. Der Wassermann war einmal der Mundschenk der Götter im Olymp.“
„Was ist ein Mundschenk?“, fragte Pavlos.
„Ein Mundschenk ist eine Person, die bei einem König oder einem Fürsten den Gästen Wein einschenkt. Im Himmel tranken die Götter Nektar, also den reinsten Blütensaft. Die Geschichte ist eigentlich recht lustig. Eine Tochter der Juno hieß Hebe. Sie war die Göttin der Jugend und im Olymp der Mundschenk der Götter. Eines Tages, als sie den Göttern Nektar bringen sollte, stolperte sie, und der Göttertrank ergoss sich über den glitzernden Boden des Himmelspalastes. Zur Strafe musste sie ihr Amt aufgeben. Jupiter suchte nach einem neuen Mundschenk. Im Himmel fand er keinen, und so flog er in der Gestalt eines Adlers über die Erde, um dort Ausschau zu halten. Dieser Adler ist übrigens auch ein Sternbild. Er ist berühmt, weil er einen großen leuchtenden Stern hat, der Altair heißt.
Als Jupiter über der Erde kreiste, sah er in der Nähe von Troja den wunderschönen Ganymed. Der Adler schoss hinunter, ergriff den überraschten Knaben und trug ihn in den Himmel, wo er von da an den Göttern Nektar reichte. Stell dir vor, du spielst mit deinen Freunden, und auf einmal wirst du vom Götterkönig in den Himmel versetzt.“
„Ich stelle mir das eigentlich sehr lustig vor“, sagte Pavlos, „ich kann mir nur nicht denken, dass nicht auch etwas Wahres dran ist an diesen Geschichten. Das kann doch nicht alles erfunden sein!“

„Oh doch“, erwiderte der Großvater, „die Menschen erfanden unglaubliche Geschichten, und sie tun es auch heute noch!“
„Bitte zeig mir noch den Adler, Großvater“, bat Pavlos.
„Wir können leider zu dieser Jahreszeit nicht den ganzen Adler sehen. Aber den wichtigsten Stern Altair kann ich dir morgen am Himmel zeigen. Such jetzt auf der Karte die Kassiopeia und Cepheus.“
„Ja“, sagte Pavlos, „da ist auch der Schwan, ich sehe ihn schon. Und da ist die Leier.“
„Jetzt zieh eine Linie bis zum Schwan. Was findest du rechts darunter?“
„Da ist er schon, der Adler“, sagte Pavlos, „und ich sehe auch den großen Stern. Er sieht wirklich aus wie ein Vogel, der die Flügel ausgebreitet hat.“
„Und jetzt“, sagte der Großvater, „etwas seitlich und du findest den Wassermann. Also ist Ganymed nicht weit von seinem Entführer am Himmel zu finden.“
„Und darunter“, sagte Pavlos, „ist ja auch Pan, der Steinbock.“
„Siehst du, wir kennen jetzt schon einen großen Teil des Himmels. Und weil wir gerade an dieser Stelle sind, zeige ich dir auch ein Sternhäufchen zwischen dem Schwan und dem Adler, das Delphin heißt.“
„Und wie ist die Geschichte dieses Delphins?“, fragte Pavlos.
„Es war einmal ein berühmter Dichter und Musiker, der Arion hieß. Der segelte von Korinth nach Sizilien, eine Insel weit im Westen. Aber die Mannschaft auf seinem Schiff war böse und wollte Arion töten. Da erbat er sich, ein letztes Mal auf seiner Laute spielen zu dürfen. Durch die wunderschöne Musik angelockt, scharte sich ein Schwarm von Delphinen um das Schiff. Die Seeleute waren so bezaubert durch die Melodien, dass Arion sich unbemerkt ins Meer stürzen konnte. Einer der Delphine aber nahm ihn auf seinen Rücken und brachte ihn sicher an Land. Dafür wurde er zur Belohnung als Sternbild an den Himmel versetzt.“

Die Mutter kam gerade herein, als der Großvater sagte: „Und jetzt fehlen uns nur noch zwei Sternbilder am Winterhimmel: der Fuhrmann Auriga und die Zwillinge Kastor und Pollux."
„Aber heute nicht mehr", sagte die Mutter, „denn es ist schon sehr spät. Ins Bett mit euch beiden." Als Pavlos den Großvater schnarchen hörte und die Mutter schon fest schlief, schlich er leise aus dem Haus. Es war bitter kalt, und Pavlos wünschte sich nichts so sehr, als den großen Fomalhaut schnell zu finden. „Wo ist er nur?" Pavlos suchte wieder die Kassiopeia und den Pegasus. Vom Pegasus irgendwo hinunter, hinunter. Und da, direkt am Horizont, strahlte ganz allein ein Stern so schön wie ein kleiner Mond. Pavlos hatte den Fomalhaut gefunden.
Am nächsten Tag schneite es, und die Schafe blieben den ganzen Tag im Stall. Trotzdem kam Konstantin am Morgen durch den Schnee gestapft, und alle saßen gemütlich beisammen und frühstückten. „Weißt du", sagte Konstantin, „wenn du es auch nicht glaubst, es scheint noch immer ein Stern. Vor einer Stunde, bevor es zu schneien begann, ging ich vor die Tür, und da stand ein letzter Stern am Himmel."
Da sagte Pavlos, den Mund voll Brot: „Ich bin ein großer Astronom, und deshalb weiß ich, was das für ein Stern ist, auch wenn ich gar nicht hinsehe."

Der Großvater lachte. „Also, Meister“, fragte er, „was ist das für ein Stern?“
„Das ist überhaupt kein Stern, das ist ein Planet, die Venus. Man nennt ihn den Morgenstern.“
Konstantin war beeindruckt. „Wenn man das so gut lernt, dass man nicht einmal hinzusehen braucht, wenn einer von einem Stern redet …Vielleicht solltest du mich unterrichten, Pavlos.“
„Sicher“, sagte Pavlos, „aber zuerst muss ich selbst noch einiges lernen.“
Als es aufgehört hatte zu schneien, stiegen Nikolaos und Pavlos hinunter ins Dorf. Und der Großvater erzählte unterwegs die Geschichte der Zwillinge: „Die Zwillinge hießen Kastor und Pollux und waren berühmte Helden im alten Griechenland. Sie nahmen an vielen Abenteuern teil, zum

Beispiel sind die beiden auch auf der großen Fahrt des Schiffes Argo mitgefahren, auf der auch Herkules dabei war.

Kastor war berühmt für sein Geschick beim Pferdezähmen und Pollux beim Boxen. Sie waren die Söhne des Jupiter und der Königin Leda. Wenn du dich an die Geschichte des Schwans erinnerst, dann weißt du, dass dieser Schwan in Wirklichkeit Jupiter war, der unsterbliche Götterkönig. Da Kastor und Pollux aber Zwillinge waren, konnte nur einer von ihnen unsterblich werden, und das war Pollux.

Sie liebten einander über alles und waren unzertrennlich. Nach vielen Abenteuern aber wurde Kastor in einer Schlacht tödlich verwundet. Pollux war untröstlich und wollte ihm bis in die Unterwelt folgen. Da erbarmte sich ihr Vater im Olymp und machte auch Kastor unsterblich, indem er beide als Sternbilder an den Himmel versetzte. Kastor und Pollux heißen auch die zwei großen Sterne in den Zwillingen. Man könnte sagen, dass sie die Köpfe der beiden Figuren sind."

Pavlos erwiderte: „Ich habe sie heute im Buch gesehen. Sie stehen auf der Milchstraße und sind nicht weit vom Orion, stimmt's?"

„Ja", sagte der Großvater. „Und der kleine Hund des Orion ist ihnen noch näher, während der Krebs sie fast am Kopf beißen kann!"

Da waren sie auch schon im Dorf angekommen. Der Großvater war ein strenger Lehrer. An diesem Tag musste Pavlos viel schreiben. Er musste alles vom Vortag wiederholen, und dann sprachen sie über Wetterkunde, wie der Regen, der Schnee, der Hagel und der Nebel entstehen. Anschließend sahen sie sich noch die große Karte von Afrika an.

Lange konnten sie an dem Tag nicht bleiben, denn es fing wieder zu schneien an, und der Weg war beschwerlich. Als die beiden anka-

men, wartete Konstantin schon ungeduldig im Haus auf ihre Rückkehr. Die Hügel waren alle weiß, draußen war ein seltsames Licht, das vom Mond kam, der aber noch nicht zu sehen war. Beim Essen sagte Pavlos: „Gestern Abend habe ich den Fomalhaut gesehen."
„Im Traum wahrscheinlich", erwiderte der Großvater. Pavlos brauchte nicht zu antworten, denn Konstantin wollte wissen, wer Fomalhaut ist.
„Das ist ein großer Stern", erklärte Pavlos stolz, „der leuchtet wie ein kleiner Mond."
„Den musst du mir zeigen", bat Konstantin, aber Pavlos sagte: „Da müsstest du über Nacht bleiben, denn er ist erst sehr spät zu sehen."
„Schade", erwiderte Konstantin, „das kann ich leider nicht, da würden sich meine Eltern sorgen. Aber wenn du mir sagst, wo er ist, dann kann ich ja auf dem Weg hinunter nach ihm Ausschau halten."
Pavlos ging mit Konstantin vor die Tür und zeigte ihm die Stelle am Himmel, wo er den Stern am Vorabend gesehen hatte. Konstantin bedankte sich und lief schnell den Berg hinunter. „Armer Konstantin", dachte Pavlos, „er muss den weiten Weg allein machen." Und er erinnerte sich an den Steinbock und an Pan, der einsame Wanderer in der Nacht oft erschreckte.
Als er ins Zimmer kam, sah ihn der Großvater ernst an, dann fragte er: „Wieso weißt du so genau, wo der Fomalhaut steht?"
Die Mutter war in die Küche gegangen. Da sagte Pavlos ganz leise: „Ich war gestern noch draußen und habe ihn gefunden."

Der Großvater hätte böse sein sollen. Stattdessen aber lachte er und sagte: „Die Neugierde ist das Wichtigste beim Lernen! Wenn einer nicht neugierig ist, dann wird er es auch zu nichts bringen."
Da kam die Mutter herein, und die zwei saßen schon über dem Sternenbuch und sahen sich die Zwillinge an. „Zwillinge?", fragte die Mutter.
„Ja, die Zwillinge", erklärte Pavlos, „schau einmal, sie sind wirklich leicht zu erkennen mit den zwei großen Köpfen."
„Siehst du", sagte der Großvater, „sie sind leicht am Himmel zu finden, denn sie stehen direkt auf der Milchstraße. Daneben findest du Auriga, den Fuhrmann. Der ist deshalb so wichtig, weil er einen großen, leuchtenden Stern hat. Siehst du ihn?"
„Capella", las Pavlos im Buch.
Nikolaos fuhr fort: „Und unter dem Fuhrmann steht auf der einen Seite der Stier mit dem großen Aldebaran und auf der anderen Seite der Orion mit dem Rigel und Beteigeuze. So viele Riesensterne stehen da in einer Gruppe! Also, wie heißen sie?" Pavlos fuhr mit der Hand von Sirius zu Prokyon, zu Pollux, Kastor, Capella, Aldebaran und endete mit Beteigeuze und Rigel. Der Großvater war sehr zufrieden. „Nicht viele Menschen wissen das, was du jetzt weißt! Du bist wirklich schon ein kleiner Astronom."
„Und mit dem ersten Geld", rief Pavlos, „das ich je verdiene, kaufe ich mir ein Fernrohr, damit ich mir das alles genau ansehen kann."
„Morgen erzähle ich dir noch die Geschichte des Fuhrmanns, und dann haben wir alle Sterne, die wir jetzt am Himmel sehen können, gelernt", sagte Nikolaos zufrieden. „Wenn man dann noch die Sommersterne, und das sind ungefähr ein halbes Dutzend, dazurechnet, sind wir fertig mit dem nördlichen Sternenhimmel."
Pavlos freute sich sehr. „Am 31. Dezember", dachte er, „kommt der große Moment, und bis dahin werde ich alle Sternbilder kennen." An dem

Abend ging er befriedigt schlafen. Im Bett dachte er darüber nach, wie das mit dem Mondstrahl wohl sein könnte.
Die ganze Nacht schneite es, und die Schafe mussten am nächsten Tag im Stall bleiben. Da war immer viel zu tun, und an dem Tag kam Konstantin nicht. Pavlos sah der Mutter beim Käsemachen zu und erzählte ihr dabei die neuesten Geschichten, die er vom Großvater gehört hatte. Sie lauschte schweigend, dann sagte sie: „Pavlos, warum interessiert dich das so sehr?"
„Ich weiß nicht", antwortete Pavlos, „aber es ist etwas Wunderbares mit den Sternen. Wahrscheinlich, weil man so wenig über sie weiß. Der alte Stefanides hat gemeint, dass man viel von ihnen lernen kann, und als ich das letzte Mal bei ihm war, hat er mich noch ermahnt, sie nicht zu vergessen."
Am Abend erzählte der Großvater Pavlos die Geschichte des Fuhrmanns. Sie hatten die Sternenkarte vor sich, und der große Stern Capella saß ganz außen an dem Sternbild. „Unter den Göttern gab es, wie du weißt, einen Sohn des Jupiter, der Vulkan hieß. Eines Tages stritten sich Jupiter und Juno. Vulkan, dem seine Mutter leidtat, verteidigte sie gegen den Vater. Darauf wurde Jupiter so böse, dass er ihn packte und kurzerhand aus dem Himmel warf."
Pavlos sah den Großvater erstaunt an. „Konnte man denn einen Gott aus dem Himmel werfen?"
Nikolaos lachte. „Das darfst du nicht so wörtlich nehmen. Aber natürlich konnte der Götterkönig alles, was er wollte. Und Vulkan fiel und fiel, bis er schließlich auf der Insel Lemnos landete. Es war ein schwerer Fall, der Arme brach sich ein Bein und hinkte von da an. Die Nymphen des Waldes nahmen sich seiner an und halfen ihm, sich eine Schmiede einzurichten, in der er wunderbare Kunstwerke aus Eisen schmiedete. Später sah Jupiter ein, wie hart er gegen seinen Sohn gewesen war, und holte ihn in den Olymp zurück, wo er für die Götter Waffen schmiedete.

Vulkan hatte einen Sohn, der Erechthonius hieß und der wie sein Vater lahm war. Niemand mochte das arme Kind, und so nahm ihn die Göttin Minerva zu sich und zog ihn allein auf. Später wurde Erechthonius König von Athen. Wie sein Vater war er ein Künstler und Erfinder. Und es gelang ihm, einen Wagen zu bauen, dem vier Rosse vorgespannt werden konnten: das so genannte Viergespann. Damals kannte man nämlich nur Wagen für ein oder zwei Pferde. Für diese Tat versetzte ihn Jupiter an den Himmel, wo er das Sternbild Auriga darstellt, was so viel wie Wagenlenker heißt."

„Fertig", rief Pavlos, „jetzt sind wir fertig. Es fehlen nur die Sommersterne, die wir jetzt nicht sehen können."

„Ich sage sie dir alle, und wir fangen damit an, dass du sie in deiner schönsten Schrift in das blaue Heft schreibst."

Pavlos holte das blaue Heft und die Feder und schrieb: Libra – die Waage, Ophiuchus – der Schlangenträger, Sagitta – der Pfeil, Equuleus – das Pferdchen, Sagittarius – der Schütze, Serpens – die Schlange, Virgo – die Jungfrau, Corona – die Krone, Corvus – der Rabe, Bootes – der Hirte, Aquila – der Adler, Cygnus – der Schwan, Delphinus – der Delphin, Lyra – die Leier, Scorpio – der Skorpion und Herkules. Pavlos fragte den Großvater: „Wenn die

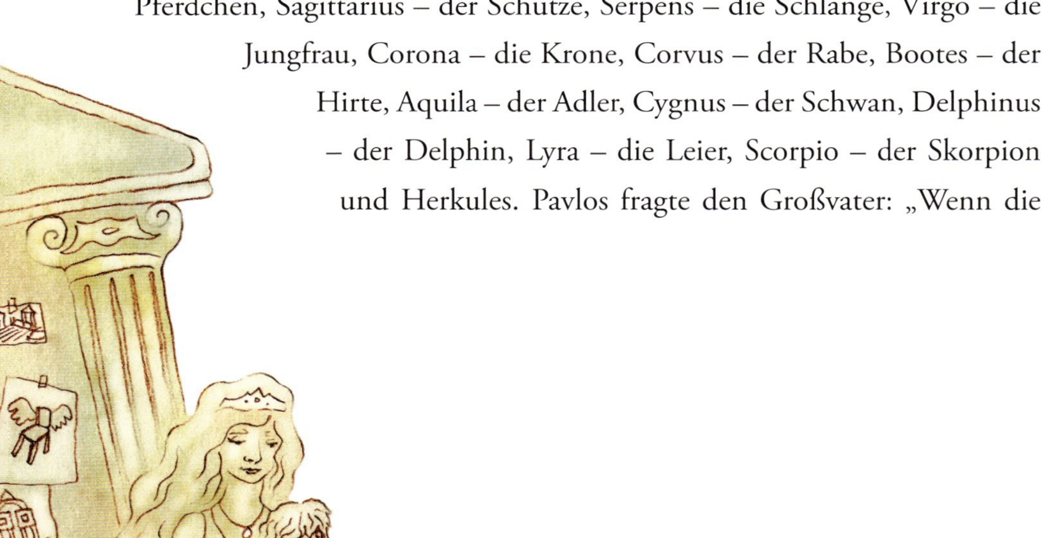

Geschichte mit dem Mondstrahl kein Märchen ist und ich wirklich in den Himmel steigen kann, würde ich dann alle Sterne sehen? Die Sommer- und die Wintersterne?"

Nikolaos antwortete: „Natürlich, da oben gibt es keine Jahreszeiten, da sind sie alle versammelt."

„Also", sagte Pavlos, „muss ich auch alles über die Sommersterne lernen, damit ich mich gut auskenne."

Der Großvater nickte. „Da oben kannst du sicher auch die südlichen Sterne sehen, die man hier unten nur von der anderen Erdhälfte aus erkennen kann. Das Schiff Argo, Lupus – den Wolf, Ara – den Altar, Corona australis – die Südliche Krone und den Zentauren. Einige Teile des Skorpions und des Flusses Eridanus sind auch noch dabei."

„Wieso", wollte Pavlos wissen, „sind das nur so wenige?"

Nikolaos dachte ein wenig nach. „Kannst du dich erinnern, ich habe dir erzählt, dass alle diese Sternbilder ein Mann namens Ptolemäus aufgeschrieben hat? Er war zwar ein Grieche und hat in seiner Jugend in Griechenland gelebt, später aber hat er viele Jahre in Nordafrika gearbeitet. Die Stadt, in der er lebte, hieß Alexandria, und ich zeige sie dir im Atlas, wenn wir in Stefanides' Haus sind. Ptolemäus hat alle Sternbilder beschrieben, die er damals sehen konnte. Alexandria liegt südlicher, als wir hier sind,

und deshalb hat er auch einige beschrieben, die für uns nicht mehr sichtbar sind. Weiter aber, südlich des Äquators, ist er nie gewesen."
Pavlos wusste schon, was der Äquator ist, und sagte stolz: „Der Äquator ist eine Linie, die rund um die Erde geht und die nördliche von der südlichen Erdhälfte trennt."
„Bravo", lobte der Großvater. Dann wollte Pavlos wissen, ob man sie sehen könne, diese Linie. Nikolaos schüttelte den Kopf. „Nein, das haben sich die Leute ausgerechnet, aber in Wirklichkeit gibt es nichts zu sehen. Verstehst du jetzt, wieso es so wenige Sternbilder am südlichen Himmel gibt, die Ptolemäus kannte? Später wurden immer neue gefunden und aufgezeichnet."

THESEUS, ARIADNE UND DER MINOTAURUS

Am nächsten Morgen kam Konstantin ganz aufgeregt in die Küche und sagte zu Pavlos: „Ich habe ihn gesehen, deinen großen Stern! Du musst mir wieder etwas zeigen, bevor ich heute nach Hause gehe."
„Gut", erwiderte Pavlos, „heute zeige ich dir, wo der größte aller Sterne steht, der Sirius, nach dem mein Hund benannt ist."
„Fein", rief Konstantin und ging mit den Schafen auf die Weide.
Der Großvater und Pavlos stiegen ins Dorf hinunter. Es war ein herrlicher Tag, aber bitter kalt. „Heute erzähle ich dir die Geschichten vom Hirten Bootes und von der Krone. Beide liegen nahe am Herkules. Der Hirte hat einen Riesenstern, Arkturus. Bootes war der jüngere Sohn eines reichen Mannes. Als dieser starb, erhielt jeder seiner zwei Söhne die Hälfte seines Besitzes. Der ältere Bruder aber machte dem jüngeren die Erbschaft streitig und jagte ihn davon.
Ruhelos zog Bootes um die Welt. Eines Tages sah er einigen Bauern zu, wie sie ein großes Feld mit Menschenkraft pflügten. Da fiel ihm ein, dass man diese Arbeit auch von zwei Ochsen verrichten lassen könnte, wenn man sie in ein Joch spannte und sie einen Pflug ziehen ließ. Es war eine wunderbare und segensreiche Erfindung, und sie wird noch heute verwendet. Jupiter gab ihm dafür einen Platz am Himmel und machte ihn damit unsterblich.
Neben Bootes steht die Krone: König Minos von Kreta hatte eine Tochter, die Ariadne hieß. Sein Königreich war die Insel Kreta. Zu dieser Zeit wurde sie vom schrecklichen Minotaurus heimgesucht, ein furchtbares Untier, ein Mensch mit Stierkopf, das in einem Labyrinth lebte."
„Was ist ein Labyrinth?", fragte Pavlos.
Der Großvater erklärte, es sei eine Art Irrgarten, aus dem normale Menschen, wenn sie einmal drin wären, nie mehr herausfänden. „Der König

musste dem Untier jedes Jahr sieben Jünglinge und sieben Jungfrauen zum Fraß vorwerfen, damit es in seinem Labyrinth blieb und nicht das ganze Land verwüstete. Keiner, der das Labyrinth je betreten hatte, war wieder zurückgekehrt.

Eines Tages kam Theseus an den Hof des Königs Minos. Theseus hatte von seinem Vater ein wunderbares Schwert geerbt, mit dem er schon viele Heldentaten vollbracht hatte. Minos bat Theseus, ihm zu helfen, das Land von dem schrecklichen Minotaurus zu befreien. Theseus wollte das Untier ganz allein töten, er vertraute auf seinen Mut und sein furchtbares Schwert. Ariadne begleitete ihn, und als sie beim Eingang des Irrgartens ankamen, sagte sie zu ihm: ‚Wenn dir dein Leben lieb ist, dann nimm dieses Garn, das ich an diesen Baum binde, mit in das Labyrinth. Nur so wird es dir gelingen, auch wieder herauszufinden.'

Theseus nahm das Garn und ging unerschrocken hinein. Er irrte durch endlose Gänge, und immer näher und näher kam ein schreckliches Brausen, das die Anwesenheit des Untiers verriet. Schließlich bog er um die letzte Ecke und stand plötzlich vor dem furchtbaren Ungeheuer. Ein Mensch mit Stierkopf und riesigen Hörnern, Schaum ums Maul, das mit Riesenzähnen gespickt war. Es rannte auf ihn zu und wollte ihn aufspießen. Geschickt sprang Theseus zur Seite, und der Minotaurus raste mit den Hörnern gegen die Wand. Da hob Theseus sein furchtbares Schwert und schlug ihm den Kopf ab. Diesen nahm er an den Hörnern und machte sich auf den Rückweg.

Da sah er, wie einfach es war, wieder aus dem Labyrinth herauszufinden, denn er musste nur dem Garn folgen, das er ausgelegt hatte. Und so erreichte er sicher die Freiheit und dankte den Göttern und Ariadne für seine Rettung. Dem König aber brachte er das Haupt des Minotaurus, der ihm aus Dankbarkeit seine Tochter Ariadne zur Frau gab.

So fuhr Theseus mit Ariadne über das Meer bis zur Insel Naxos. Dort erschien ihm im Traum die Göttin Minerva und befahl ihm, Ariadne zurückzulassen und weitere Heldentaten zu vollbringen. Als Ariadne erwachte, war sie allein. Sie irrte auf der Insel umher und rief verzweifelt nach Theseus, aber vergeblich. Müde und erschöpft legte sie sich schließlich bei einer Quelle nieder und schlief ein.
So fand sie der Hirtengott Pan, den du schon als Steinbock am Himmel kennst. Und als sie aufwachte, tröstete er sie und erzählte ihr, dass Minerva Theseus befohlen hatte, sie zurückzulassen. Pan war ein heiterer Gott, und er erzählte ihr tausend lustige Geschichten und half ihr, ihren Schmerz zu vergessen.
Bald liebten sie einander so sehr, dass Pan die schöne Ariadne zur Frau nahm. Viele Jahre lebten sie glücklich auf Naxos. Leider war Ariadne nicht unsterblich wie ihr Gemahl, und eines Tages starb sie. Nach ihrem Tod warf Pan in seiner Verzweiflung die Krone, die er ihr geschenkt hatte, an den Himmel, wo sie heute noch steht."
„Konnte denn ein Gott einen Menschen heiraten?", fragte Pavlos.
„Es kam immer wieder vor, aber es ging oft traurig aus, wie du ja auch hier siehst."
In Stefanides' Haus zeigte der Großvater Pavlos im Atlas die Stadt Alexandria in Nordafrika, wo Ptolemäus gelebt hatte, und er zeigte ihm die Inseln Kreta und Naxos, von denen in den Geschichten die Rede war.
Am Abend war es sternklar, und sie trafen Konstantin, als er schon auf dem Weg nach Hause war. „Bitte", sagte Pavlos zu seinem Großvater, „zeig Konstantin doch den Sirius."
„Es ist noch sehr früh. Aber dafür ist heute Neumond, und mit ein bisschen Glück werden wir den Sirius gleich haben. Er ist seitlich unter dem Orion. Wo steht der Orion, Pavlos?"

Pavlos sah sich einmal um, und dann hatte er ihn. Groß und mächtig stand er da mit seinen zwei Riesensternen, und Pavlos sagte zu Konstantin: „Folge meinem Finger. Da oben kannst du den großen Jäger Orion mit seinen beiden Riesensternen betrachten."
Konstantin, der noch nie ein Sternbild in einem Buch gesehen hatte, fand sich schwer zurecht. Aber kurz darauf sah er doch die beiden großen Sterne. „Direkt an der Milchstraße musst du suchen", sagte der Großvater. Und dann hatten sie auch beide schon den Sirius, den großen leuchtenden Hundsstern.
Konstantin war begeistert. „Ich sehe zwar keinen Hund, aber ich sehe einen großen, leuchtenden Stern, und das ist schon etwas." Er ließ die beiden allein und lief rasch den Berg hinab nach Hause.
„Also", sagte der Großvater, „heute sehen wir uns einmal alle Sterne an, die wir schon kennen. Stell dir vor, du bist der Lehrer und zeigst mir den Sternenhimmel."
Pavlos begann: „Der wichtigste Stern am Himmel ist der Polarstern ..."
Und so ging es weiter, bis der Großvater endlich rief: „Bravo, bravo!"
„Bei einigen habe ich aber nur geraten, weil sie nicht so hell sind."
„Das macht nichts", sagte Nikolaos. „Aber du findest dich auf unserem Winterhimmel schon zurecht. Du bist wirklich mein bester Schüler!"
Da lachte Pavlos. „Weil ich dein einziger bin, nicht wahr?"
„Sicher", erwiderte der Großvater, „aber es wird nicht so leicht jemanden geben, der in deinem Alter schon alle diese Dinge weiß. Komm, jetzt gehen wir hinein, und ich zeige dir im Buch den Bootes und die Krone."
Im Zimmer sagte Nikolaos: „Such einmal den Großen Wagen. Hast du ihn?" Pavlos nickte. „So, und jetzt die Deichsel entlang, immer weiter. Da ist der große Stern des Bootes, der Arkturus."
Pavlos hatte den großen Stern gefunden. „Wenn die Sterne darüber der

Bootes sind, dann sieht er mehr wie einer von den Drachen aus, die wir fliegen lassen."

„Stimmt", antwortete der Großvater. „Siehst du jetzt daneben die Krone? Das ist dieses Rund, diese sieben Sterne daneben."

Später am Abend fragte Pavlos: „Großvater, wie viele Tage sind es noch bis zum 31. Dezember?"

„Es sind genau vierzehn Tage. Und deshalb, weil wir nicht mehr viel Zeit haben, erzähle ich dir heute noch die Geschichte vom Schlangenträger Ophiuchus. Das ist eine traurige Geschichte. Ophiuchus hatte auch den Namen Äskulapius und war ein Sohn des Apollo. Man nennt ihn Schlangenträger, weil die Schlange, die auch in zwei Teilen in seinem Sternbild zu sehen ist, als Sinnbild der Medizin dient. Apollo verlieh seinem Sohn die Gabe, Menschen zu heilen. Aber bald gelang es Äskulapius, nicht nur Kranke gesund zu machen, sondern auch Tote zum Leben zu erwecken. Das war noch niemandem gelungen, und Jupiter sah schon die Macht der Götter schwinden, wenn die Menschen unsterblich würden. Auch Pluto, der Gott der Unterwelt, war erbost über diesen Frevel, denn er fürchtete, dass seine Unterwelt entvölkert würde. Und so entschloss sich Jupiter, Äskulapius mit einem Donnerschlag zu töten. Apollo war darüber so erzürnt, dass er sich an den Zyklopen rächte, die den Donnerschlag geschmiedet hatten."

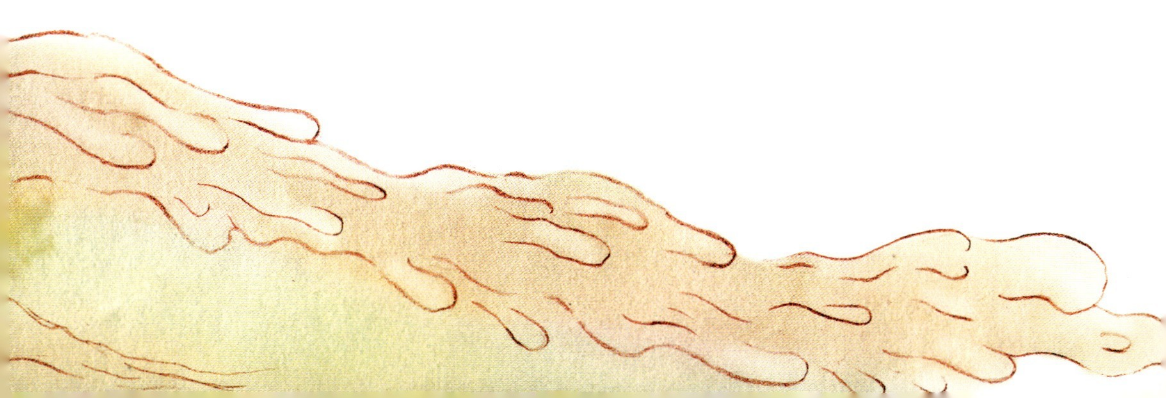

Pavlos machte ungläubige Augen. „Wer waren die Zyklopen, und wie konnte man einen Donnerschlag schmieden?"
„Die Zyklopen waren furchtbare Riesen, die auf einer Insel lebten und alle bedrohten, die daran vorbeikamen. Der Name Zyklop heißt eigentlich ‚rundes Auge', und dieses runde Auge war das einzige, das sie hatten, und zwar mitten auf der Stirn. Sie lebten in Höhlen und hielten sich Schafe. Unter dem Feuer speienden Berg Ätna auf der Insel Sizilien hatten sie eine Schmiede. Man glaubte damals, dass der Donnerschlag des Jupiter ein großer Hammer sei, der von den Zyklopen unter dem Ätna geschmiedet worden war. Auf diese Zyklopen schoss Apollo aus Zorn über den Tod seines Sohnes seine Pfeile, von denen einer unser Pfeil Sagitta ist, den du später am Himmel sehen wirst.
Die Erde und ihre Menschen weinten über den Tod des Äskulapius, der so vielen geholfen hatte. Da erbarmte sich Jupiter und versetzte ihn als Ophiuchus unter die Sterne, wo er mit den zwei Teilen einer Schlange, Serpens caput und Serpens cauda, zu sehen ist."
„Mir gefällt er sehr gut", sagte Pavlos, „aber große Sterne hat er keine. Haben wir noch Zeit für eine Geschichte, Großvater?"
„Sicher", antwortete Nikolaos, „eine noch. Unter dem Kopf der Schlange steht ein Sternbild aus den Tierkreiszeichen, und zwar die Waage. Eine alte Legende erzählt, dass die Waage zur Erinnerung an Mochis in den Himmel hinauf versetzt wurde, weil er der Erfinder der Waage und der Gewichte war. Das Interessante an der Waage ist, dass einer ihrer Sterne etwas grünlich erscheint, was bei keinem anderen Stern der Fall ist."
„Ob ich mir das alles merke, wenn ich sie doch nicht am Himmel sehen kann?", überlegte Pavlos.
„Im Frühjahr werden wir zwei alles wiederholen, wenn du zu Ostern Schulferien hast, das verspreche ich dir."

Kleinlaut sagte Pavlos: „Schulferien? Ach ja, ich muss ja in die Schule."
Als die Mutter hereinkam, sagte der Großvater: „Du wirst es nicht glauben, aber wir kennen uns schon so wunderbar am Himmel aus, dass Pavlos eine Astronomenschule im Dorf einrichten könnte!"
„Bald kommt der 31. Dezember", sagte Pavlos plötzlich und schaute Nikolaos an.
Die Mutter fragte: „Was ist am 31. Dezember?"
Und der Großvater antwortete schnell: „Vollmond."

Pavlos zeigte der Mutter im Buch Aries, den Widder. „Es gibt eine Menge Tiere am Sternenhimmel“, erzählte er, „auch Drachen, Schlangen und Skorpione!“
„Was du alles weißt!“ Die Mutter beugte sich neugierig über das Buch, und Pavlos zeigte ihr alle Tiere: Da waren die Fische, der Stier, der Widder, der Drache, der Krebs, der Skorpion und der Walfisch, das geflügelte Pferd und die Hunde, die Wasserschlange Hydra, der Schwan, der Delphin, der Hase und der Wolf, der Löwe, der Adler, der Große und der Kleine Bär.
„Und vertragen die sich alle da oben?“, wollte die Mutter wissen.
Da antwortete Pavlos ernst: „Der Großvater sagt, dass sie am Himmel zahm sind und nichts mehr anstellen können!“ Wie sehr die Menschen und Tiere für ihn Wirklichkeit waren und wie sehr er an sie glaubte, das ahnte sie freilich nicht.
In dieser Nacht taute der Schnee, und am Morgen regnete es in Strömen. „Ihr könnt heute nicht ins Dorf gehen“, sagte die Mutter, aber Nikolaos erwiderte: „Wir sind nicht aus Zucker. Schule ist Schule! Da kann man nicht einfach wegbleiben, nur weil ein paar Tropfen vom Himmel fallen!“
Die beiden stapften durch die Pfützen und hatten Mühe, nicht bis ins Tal zu rutschen, so glatt war der Boden durch die Nässe.
Bald saßen der Großvater und Pavlos vor einem großen Buch mit dem Titel „Das Mittelmeer und seine Inseln“. Da gab es viele Landkarten und Geschichten über alte Völker und alte Städte. Auf einer großen Karte von Griechenland suchte Nikolaos die Stelle, wo ihr Dorf war. Ganz genau konnte man sie nicht finden, denn das Dorf war nicht eingezeichnet, aber die nächste Stadt fanden sie.
„Und die Schule?“, wollte Pavlos wissen. „Wo ist die Schule?“
Auch der nächstgrößere Ort bei der Schule war zu finden, und Pavlos meinte, es sei gar nicht so weit. „Auf der Karte sieht alles näher aus, als es

ist“, sagte Nikolaos. Aber dann zeigte er Pavlos den Olymp, auf dem einstmals die Götter wohnten.
Der Rückweg am Abend war sehr beschwerlich, und der Großvater rutschte mehrmals aus, so dass Pavlos Angst bekam, er könne sich ein Bein brechen. Erschöpft und nass kamen sie zu Hause an. Die Mutter erwartete sie schon voller Ungeduld an der Tür. „Endlich seid ihr da!“
Der Großvater war wirklich sehr müde. „Wenn es morgen wieder so regnet, bleiben wir zu Hause“, bestätigte er.
Sie wechselten die nasse Kleidung, und die Mutter brachte einen Krug heißer Milch auf den Tisch. „Mit dem Sterngucken wird es bis auf weiteres nichts“, sagte sie, „es sieht aus wie ein richtiger Landregen!“
„Ich glaube auch“, antwortete Pavlos traurig, „aber wir haben ja das Buch!“
Dann saßen sie zu dritt vor der großen Sternenkarte, und Pavlos suchte den Bootes. Neben dem Herkules, erinnerte sich Pavlos: Der Herkules befand sich unter dem Drachen, und gleich daneben sah er auch schon den Hirten Bootes und die Krone. „Hier“, sagte Pavlos stolz zur Mutter, „hier ist die Krone.“
„Sie sieht wirklich aus wie eine Krone, aber diese Striche zwischen den Sternen, die sieht man doch nicht am Himmel.“
„Leider“, antwortete Pavlos, „die sieht man nicht, das wäre fein, da müsste man sich nicht anstrengen.“
Die Mutter sah sich die Sternenkarte an und sagte: „Da ist ja die Kassiopeia, von der du mir erzählt hast, das große W.“
Der Großvater meinte, es sei gerade noch Zeit, die Geschichte eines Sternbildes zu erzählen. „Bleiben wir gleich in der Nähe und schauen uns die Jungfrau an. Hier auf der Karte ist sie gleich unter dem Bootes. Ihre Geschichte ist einfacher als ihr Sternbild. Du siehst, sie zieht sich über den Himmel dahin und hat einen interessanten Stern, die Spica.“

„Hier ist er“, rief Pavlos, „Ich hab ihn schon.“
„Virgo, die Jungfrau, so heißt das Sternbild, und man sagt, dass es Astraea darstelle, eine Tochter des Jupiter. Sie war die Göttin der Gerechtigkeit und beherrschte die Welt in einer Epoche, die man das goldene Zeitalter nennt. Damals waren alle Menschen glücklich und gut zueinander. Später aber änderten sie sich, sie wurden neidisch und boshaft. Astraea war darüber so unglücklich, dass sie in den Himmel zurückkehrte, wo sie jetzt als Jungfrau steht.“ Die Mutter meinte, das wäre doch eine wunderbare Sache, wenn man sich in den Himmel zurückziehen könne, falls es einem auf der Erde nicht mehr gefiele. „Es ist besser“, erklärte der Großvater, „wenn man sich ins Bett zurückzieht!“ Und diesmal folgte ihm Pavlos ohne Widerrede.

DIE ARGONAUTEN

Das Wetter hatte sich am nächsten Tag nicht gebessert, nach wie vor regnete es in Strömen. Konstantin würde nicht kommen, und so ging Pavlos in den Stall, um der Mutter zu helfen, und Nikolaos saß allein über dem Sternenbuch. Am Abend erzählte der Großvater Pavlos die Geschichte des Schützen Sagittarius. „Kannst du dich noch an den Zentauren Chiron erinnern, der Herkules unterrichtete?“ Pavlos nickte. „Man sagt, dass es Chiron war, der dieses Sternbild erfand, um das Schiff Argo auf der Suche nach dem Goldenen Vlies sicher über das Meer zu leiten. Es sieht aus, als stünde da ein Mann mit einem großen Bogen in der Hand, der gerade einen Pfeil abschießen will. Von Chiron erzählt man, dass er der Sohn des Saturn und der Nymphe Philyra war. Als Philyra ihr Kind gebar, war sie entsetzt, als dieses halb als Pferd, halb als Mensch zur Welt kam. Sie liebte das Wesen aber dennoch und nannte es Chiron. Apollo verlieh ihm die Gabe des Bogenschießens und die Liebe zur Musik. Von allen Zentauren war er der Weiseste, und er wurde ein berühmter Lehrer großer Helden. Von seinem Vater hatte er die Unsterblichkeit geerbt. Er wurde aber von einem vergifteten Pfeil des Herkules getroffen und starb, nachdem er zugunsten des Titanen Prometheus auf seine Unsterblichkeit verzichtet hatte. Zum Dank für seine Verdienste um die Menschen wurde er von Jupiter als Sternbild an den Himmel versetzt.“
Pavlos wollte wissen, wer die Argonauten waren, und der Großvater erklärte, das seien jene Helden gewesen, die auf dem Schiff Argo fuhren, um das Goldene Vlies zu erobern. „Großvater“, fragte Pavlos, „es gibt doch ein ganzes Sternbild, das Pfeil heißt. Gehört das zu diesem Schützen?“
„Nein“, antwortete Nikolaos, „das ist ein anderer Pfeil. Dieser Pfeil ist ein kleines Sternbild, kaum zu sehen. Die Geschichte des Pfeils aber gehört

zur Geschichte des Schlangenträgers, denn mit diesem Pfeil schoss Apollo auf die Zyklopen.“

Nach dem Essen klagte der Großvater über starke Kopfschmerzen. Die Mutter fühlte Großvaters Stirn an und sagte: „Du hast Fieber! Sicher hast du dich erkältet, als du im Regen ins Dorf gegangen bist.“ Sie kochte Nikolaos heißen Tee und brachte ihn an sein Bett.

„Gute Nacht“, sagte der Großvater zu Pavlos, „erkläre der Mutter alles, was du bis jetzt gelernt hast!“ Pavlos war zwar traurig, aber als die Mutter sich zu ihm setzte und er anfing, ihr alles zu zeigen und zu erklären, von Anfang an, wurde er wieder munter. Die Mutter hörte schweigend zu. Pavlos war ein guter Erzähler, und die Geschichten hörten sich bei ihm lustiger und bunter an, als wenn sie der Großvater erzählte. Beide waren bald müde, und als Pavlos ins Bett ging, wünschte er sich von Herzen, dass der Großvater bald wieder gesund würde.

Aber am nächsten Tag ging es Nikolaos schlechter. Er redete wirres Zeug und wälzte sich im Bett hin und her. Die Mutter zog sich warm an und sagte zu Pavlos: „Ich hole den Doktor. Du bleibst hier, und wenn der Großvater etwas braucht, bringst du es ihm, auf dem Herd steht ein Topf mit Tee. Ich bin bald wieder da.“ Pavlos machte ein erschrockenes Gesicht.

Den Doktor? Da musste der Großvater sehr krank sein! Aber er nickte nur und holte sein Sternenbuch herbei.
Pavlos studierte die Sternenkarten. Er suchte nach den Sternen, die er noch nicht kannte. Vor allem das Pferdchen hatte es ihm angetan. Es war klein und hatte nur zwei Sterne, die keine Namen trugen. Die dazugehörige Geschichte aber kannte nur der Großvater. Die Zeit verging so schnell, dass Pavlos gar nicht bemerkte, wie spät es schon war, als die Mutter mit dem Doktor zurückkehrte. Pavlos half ihnen, die Mäntel ans Feuer zu hängen. Besorgt sah er den Doktor das Schlafzimmer betreten.
Die Mutter trank auch heißen Tee und ging im Zimmer unruhig hin und her. Dann schickte sie Pavlos in den Stall, um nachzusehen, ob die Schafe genügend Wasser und Futter hatten. Plötzlich sah Pavlos den Doktor aus dem Haus kommen. Schnell lief er zu ihm hin und fragte ihn, wie es dem Großvater gehe. Der Doktor nahm Pavlos unter seinen großen Regenschirm und sagte: „Es geht ihm sehr schlecht, aber wenn ihr ihn gut pflegt und du ihm, wenn er es will, Gesellschaft leistest, wird er sicherlich bald wieder gesund!“
Acht Tage war der Großvater krank, und acht Tage hatten die Mutter und Pavlos Angst um ihn. Er wollte immer allein sein, Tee trinken oder schlafen. Es regnete dabei fast ständig, und Konstantin kam hin und wieder vorbei. Erst am zehnten Tag kam die Sonne heraus, und als die Mutter mit Pavlos zu Mittag aß, öffnete sich die Schlafzimmertür, der

Großvater kam, in Decken gehüllt, heraus und setzte sich zu ihnen, als wäre er nie krank gewesen. „Wie geht es euch?“, fragte er, trank etwas Milch und aß ein Stück Brot. Die Mutter strahlte über das ganze Gesicht. „Gott sei Dank“, sagte sie, sonst nichts.

„Wie lange war ich denn krank?“, wollte Nikolaos wissen, und Pavlos antwortete: „Genau zehn Tage!“

„Oh weh“, sagte der Großvater, „da müssen wir uns aber beeilen!“

Die Mutter wollte wissen, womit und warum sie sich beeilen mussten, und Nikolaos antwortete: „Wir haben uns vorgenommen, bis zum nächsten Vollmond alle Sterne und ihre Geschichten zu kennen!“

„Und wird es euch noch gelingen?“, fragte die Mutter.

„Sicher, sicher“, erwiderte der Großvater, „es fehlen uns nur noch das Pferdchen, der Rabe und das Schiff Argo. Das ist nicht mehr viel!“

Die Mutter sah, dass es dem Großvater schon besser ging und dass es ihm Freude machte, Pavlos wieder Geschichten erzählen zu können. So ließ sie die beiden allein, nachdem sie ein starkes Feuer gemacht hatte.

„Zuerst einmal der Rabe: Man sagt, dass Apollo sich in eine Königstochter verliebte und so eifersüchtig war, dass er einen Raben ausschickte, der sich immer in ihrer Nähe aufhalten und sie bewachen musste. Für diesen Dienst versetzte ihn der Sonnengott als Sternbild an den Himmel!“

„Mir kommt es vor“, sagte Pavlos, „als sähe er wie ein Hund oder ein Pferd aus.“

„Als Letztes“, erklärte Nikolaos, „fehlt nur mehr das Pferdchen, Equuleus. Wenn du an die Geschichte der Zwillinge denkst, an Kastor und Pollux, kannst du dich vielleicht auch erinnern, dass Kastor ein berühmter Pferdezähmer war und ein Günstling des Apollo. Von ihm erhielt er ein herrliches Pferd als Geschenk. Dieses Pferd wurde beim Tod mit Kastor zusammen unsterblich.“

Am nächsten Tag regnete es wieder, und so blieben sie zu Hause. Am Abend saßen alle drei beim Feuer, während der Großvater die Geschichte der Argo erzählte. „Wenn du zurückdenkst an die Sage des Widders, in der die arme Helle im Meer ertrunken ist, während ihr Bruder Phryxus von dem Widder mit dem Goldenen Vlies in Sicherheit gebracht wurde, dann erinnerst du dich vielleicht daran, dass das Goldene Vlies später in einem Hain aufbewahrt wurde, den ein schlafloser Drache bewachte." Pavlos nickte. „Also", fuhr der Großvater fort, „zu dieser Zeit war Aeson der König von Thessalien. Viele Jahre hatte er weise regiert und wollte sich nun von den Staatsgeschäften zurückziehen. Er übertrug deshalb seinem Bruder Pelias den Thron, vereinbarte aber mit ihm, dass er seinem Sohn Jason, wenn dieser erwachsen wäre, die Krone übergeben müsse. Pelias war einverstanden, und Jason wurde dem weisen Zentauren Chiron als Schüler übergeben, der vorher schon Herkules und Theseus unterrichtet hatte. Als Jason erwachsen war, kam er zu seinem Onkel und forderte den Thron für sich. Pelias tat, als wäre er einverstanden, sandte den jungen Mann aber zuerst auf ein großes Abenteuer. Er sollte das Goldene Vlies erobern, das in einem Hain in Kolchis aufbewahrt wurde.

Jason war ging sofort daran, sich ein Schiff zu bauen, denn Kolchis lag auf der anderen Seite des Meeres. Jason wollte 50 Gefährten mitnehmen, und deshalb wurde ein Schiff gebaut, so groß, wie es damals noch niemand gesehen hatte. Sie nannten es Argo, denn der Schiffsbauer hieß Argos. Jason sammelte seine 50 Helden, die man von da an Argonauten nannte. Herkules und Theseus, die Zwillinge Kastor und Pollux waren auch dabei.

Sie hatten große Gefahren zu überwinden. Zum Beispiel gab es da eine Meerenge zwischen zwei Inseln, in der schon viele Boote zugrunde gegangen waren. Der König Phineus hatte ihnen genau beschrieben, wie man diese Schwierigkeit überwinden konnte. Sie ließen eine Taube vor sich

herfliegen und folgten ihrem Kurs. Hinter den gefährlichen Inseln aber sahen sie schon das Land Kolchis.
Sie gingen an Land, und Jason schickte dem König des Landes, Aetes, eine Botschaft, dass er gekommen sei, das Goldene Vlies zu holen, das ihm rechtmäßig gehöre. Der König erklärte sich einverstanden, aber nur unter der Bedingung, dass Jason zwei Feuer speiende Stiere für ihn ins Joch zwingen würde. Mit diesen schrecklichen Stieren sollte Jason ein Feld pflügen und es mit Drachenzähnen besäen. Als Medea, die Tochter des Königs, Jason sah, war sie von seiner Schönheit so bezaubert, dass sie versprach, ihm zu helfen. Sie verfügte über große Zauberkräfte, von denen niemand wusste.
Die Bewohner von Kolchis hatten sich alle eingefunden, um bei dem Kampf mit den Stieren zuzusehen, und auch der König war dabei. Als die Ungeheuer heranrasten, stand Jason allein, während seine Freunde schreckerstarrt zusahen. Furchtlos trat er den Stieren entgegen und sprach leise Zauberformeln, die er von Medea gelernt hatte. Darauf blieben die Stiere plötzlich stehen, ließen sich wie Lämmer streicheln und in das Joch spannen. Die Argonauten staunten, und die Kolchier wollten ihren Augen nicht trauen! Darauf nahm Jason die Drachenzähne und säte sie in die Erde. Kaum waren die Zähne jedoch im Boden, so sprangen aus ihnen schon Dutzende schwer bewaffneter Männer heraus, die auf Jason losgingen.
Die Argonauten wollten ihm zu Hilfe eilen, aber Jason hielt sie zurück, denn er hatte von Medea gelernt, dass ein Kampf gegen die Drachensöhne nutzlos war. Er warf, wie sie es ihm befohlen hatte, einen Stein in ihre Mitte. Plötzlich ließen sie vom Angriff ab und wandten sich gegeneinander. In kurzer Zeit hatten sie sich gegenseitig getötet.
Die Argonauten umringten den Helden, und die Kolchier schrieen vor Begeisterung. Daraufhin konnte der König nicht anders, als ihm zu erlau-

ben, das Goldene Vlies zu holen. Jason wusste aber von der Königstochter Medea, dass es von einem fürchterlichen Drachen behütet wurde, der nie schlief. Medea gab ihm einen Zaubertrank, mit dem er den Drachen bespritzen sollte. Die Argonauten wollten es sich nicht nehmen lassen, Jason bei diesem Abenteuer zu begleiten.

Aber Jason ging allein dem Drachen entgegen. Und kaum hatte dieser ein paar Tropfen von dem Zaubertrank gespürt, sank er auch schon kraftlos zu Boden, schloss die Augen und schlief ein. Ohne Mühe konnte Jason das Vlies an sich nehmen und es den erstaunten Argonauten vor der Höhle zeigen.

Der König aber wusste schon, dass es die Zauberkraft seiner Tochter Medea war, die Jason geholfen hatte, und nichts anderes. Und er schickte seine Krieger aus, um den Argonauten das Vlies streitig zu machen. Jason und seine Männer aber erreichten die Argo, noch bevor die Krieger des Königs sie einholen konnten. Medea, die den Zorn ihres Vaters fürchtete, fuhr mit ihnen. Das ist eigentlich das Ende des Abenteuers der Argonauten, und die Geschichte von Jason und Medea erzähle ich dir ein andermal."

„Schade", sagte Pavlos, „dass wir das Schiff Argo an unserem nördlichen Sternenhimmel nicht sehen können."

„Ein kleines Stück davon ist manchmal sichtbar", erklärte Nikolaos, „aber der größere Teil, den sehen wir nicht. Es besteht eigentlich aus drei Teilen. Sieh es dir einmal an." Und der Großvater zeigte in der Sternenkarte auf das Schiff Argo. „Siehst du, hier ist Karina, der Kiel, Puppis, das Heck, und Vela, das Segel. Argo hat einen so prachtvollen Stern, Canopus, wie es auf unserem nördlichen Sternenhimmel nur Sirius ist. Es ist ein Riesensternbild, begleitet auf der einen Seite vom Großen Hund, Canis major, und auf der anderen Seite vom Zentaur, von dem wir auch nur einen Teil

sehen können. Darüber aber schlängelt sich die schreckliche Hydra."
Als Pavlos später im Bett lag, sagte der Großvater zu ihm: „Heute ist der 30. Dezember." Pavlos erschrak. Nur noch eine Nacht!
Es folgte ein Tag, an dem Konstantin kam und mit der Mutter im Stall arbeitete. Pavlos aber wanderte mit dem Großvater über die Hügel. „Heute ist der 31. Dezember, Großvater."
„Oh", sagte Nikolaos nur.
Dann gingen sie schweigend nebeneinander, bis Pavlos begann: „Was könnte Stefanides mit dem Meteor gemeint haben?"
„Vielleicht sehen wir heute Abend einen Meteor, und vielleicht ist das ein Zeichen, dass die Geschichte doch wahr ist." Pavlos meinte, er könne sich nicht vorstellen, dass man ohne herunterzufallen auf einem Mondstrahl in den Himmel steigen könne. Der Großvater wollte Pavlos nicht enttäuschen, denn er wusste, wie sehr er an die Geschichte glaubte. „Wenn es möglich ist und wenn du den Mondstrahl wirklich siehst, dann bin ich auch sicher, dass dir darauf nichts geschehen kann! Schließlich hat man noch nie gehört, dass jemand von einem Mondstrahl heruntergefallen ist!"
Pavlos war beruhigt. „Am schönsten wäre es, wenn ich Stefanides da oben treffen könnte."
„Sei nicht traurig", sagte Nikolaos, „wenn alles nur ein Märchen ist! Auch Stefanides war nicht sicher, ob etwas Wahres an der Geschichte mit dem Mondstrahl ist."
„Und trotzdem", erwiderte Pavlos, „hab ich das Gefühl, dass heute Nacht etwas geschehen wird. Ich weiß nicht, was – irgendetwas."

DIE REISE ZU DEN STERNEN

Der Tag schien besonders langsam zu vergehen, und als sie mit den Schafen nach Hause kamen, hatte Pavlos keinen Appetit. „Ich glaube, du wirst krank“, sagte die Mutter. Sie presste ihre Lippen auf seine Stirn: „Nein, Fieber hast du nicht.“ Pavlos wollte wissen, wo Konstantin sei, und die Mutter erzählte, dass es ihm gar nicht gut ginge. Er sei sehr erkältet gewesen, und so habe sie ihn früher nach Hause geschickt. „Aber warum isst du nichts, Kind?“

„Ich kann nicht“, erwiderte Pavlos, „ich kann wirklich nicht. Lass mich hinausgehen, ich brauche frische Luft.“

Die Mutter schüttelte den Kopf, und der Großvater sagte: „Geh nur, geh! Aber zieh dich warm an.“

Als Pavlos draußen war, fragte die Mutter: „Was ist denn los?“ Der Großvater überlegte, ob er von dem Mondstrahl erzählen sollte. Aber da Pavlos sein Geheimnis gehütet hatte, wollte auch er nichts verraten.

Pavlos ging inzwischen vor der Tür auf und ab, und es wurde finster um ihn herum. Die ersten Sterne begannen zu funkeln. Pavlos dachte ganz fest an Stefanides und sagte leise vor sich hin: „Stefanides, wenn du wüsstest, wie sehr ich darauf warte, dass das Märchen mit dem Mondstrahl wahr wird.“ Und er schaute von einem Stern zum anderen über die Milchstraße hin bis zu den Zwillingen. Da plötzlich raste über die Köpfe der Zwillinge hinweg eine Sternschnuppe. Lange sah ihr Pavlos nach, auch als ihr Licht schon längst verschwunden war. Er stürmte ins Haus und rief: „Großvater, ich hab einen Meteor gesehen!“

Der Großvater schien beunruhigt. Er schüttelte den Kopf und sagte: „Nein so etwas, das kann doch nicht wahr sein!“

„Aber es ist wahr!“, sagte Pavlos bestimmt. „Über die Köpfe der Zwillinge

ist er geflogen und dann in der Milchstraße verschwunden. Ich habe es deutlich gesehen."
„Unglaublich!", rief Nikolaos.
„Was ist daran unglaublich?", fragte die Mutter. „Ich sehe oft Sternschnuppen, aber meistens fallen sie im August und September. Im Winter sieht man sie selten."
„Iss doch etwas", sagte jetzt der Großvater zu Pavlos, „sonst bist du zu schwach …"
Die Mutter schaute ihn fragend an, aber da der Großvater nicht weiterreden wollte, schwieg auch sie und schob Pavlos einen Teller Suppe hin. Als Pavlos fertig war, hielt es ihn nicht mehr im Hause. „Ich gehe lieber noch einmal hinaus", sagte er, „vielleicht sehe ich noch einen zweiten Meteor." Aber vor der Tür war alles finster, und nur hinter dem Hügel begann ein Licht zu leuchten. Pavlos wusste, dass der Mond nun bald aufgehen würde. Wenn der Mond am Himmel steht, sieht man keine Strahlen, alles ist hell fast wie am Tag, aber Strahlen gibt es keine. Pavlos überlegte, wie das eigentlich mit den Sonnenstrahlen war. Wann sah man Sonnenstrahlen, und wo? Sonnenstrahlen hatte er im Wald gesehen oder wenn sie zum Fenster hereinfielen in ein dunkles Zimmer. „Mit den Mondstrahlen", dachte er, „muss es genauso sein. Hier draußen kann man sie nicht sehen, außer vielleicht im Wald oben." Aber in den Wald gehen, um diese Zeit und allein, war Pavlos doch zu unheimlich. Wie konnte das also gemeint sein mit dem Mondstrahl? „Wahrscheinlich muss ich zuerst einmal ins Bett oder zumindest im Zimmer warten, dass ein Mondstrahl zum Fenster hereinfällt", dachte er. Er ging ins Haus und sagte: „Ich bin sehr müde heute, kann ich schon ins Bett gehen?"
Die Mutter wunderte sich. „Er ist doch krank", sagte sie, „freiwillig geht er sonst nie schlafen."

„Es kann ja sein", bestätigte Nikolaos, „dass er sich erkältet hat. Wenn er gleich schlafen geht, ist er wahrscheinlich morgen schon wieder in Ordnung."
Pavlos legte sich ins Bett, öffnete aber vorher das Fenster einen Spalt. Der Mond war noch nicht am Himmel. Pavlos überlegte. „So wie ich jetzt bin, kann ich doch nicht auf den Mondstrahl steigen." Er zog seine Kleider an, legte sich angezogen wieder hin und starrte auf das Fenster.
Es dauerte nicht lange, da gingen auch Nikolaos und die Mutter schlafen. Das Haus war jetzt mäuschenstill. Selbst im Stall war alles ruhig. Pavlos hatte große Mühe, die Augen offen zu halten.
Da sah er, wie ein einzelner Lichtstrahl zum Fenster hereinfiel. Ganz leise stand er auf und stellte sich ans Fenster. Sein Herz klopfte wild vor Aufregung. Er sah den Mondstrahl genau an, und je länger er ihn betrachtete, desto größer wurde er. Schließlich merkte Pavlos, dass es eine silberne Treppe war. Pavlos setzte den Fuß vorsichtig darauf. Auf einmal hatte er keine Angst mehr und begann, die Stiege zu erklimmen, eine Stufe nach der anderen. Er schaute nicht rechts und nicht links, nur geradeaus, und sah, dass die Treppe bis in die Wolken führte. „Seltsam", dachte er, „wo ist der Mond?" Dann sah er ihn über den Hügeln, aber er war erst zur Hälfte aufgegangen. Pavlos stieg weiter hinauf. „Es ist alles wahr", dachte er glücklich, „es ist kein Märchen!"
Die Milchstraße erschien vor ihm immer heller und immer weißer, und jetzt sah er, dass die Millionen Sterne darauf lauter kleine glitzernde Wellen bildeten, wie auf einem Strom, der durch den Himmel floss. Plötzlich stand er auch schon direkt davor auf der letzten Stufe der silbernen Treppe. Neben ihm schwamm auf den glitzernden Wellen ein großer, weiß leuchtender Schwan. Der Kopf des Schwans glänzte wunderbar, und Pavlos wusste, das war der Stern Deneb. Der Schwan drehte den Kopf und sah

Pavlos an. „Wer bist du?“, fragte er mit menschlicher Stimme, und Pavlos antwortete: „Ich bin Pavlos Manides.“
„So“, erwiderte der Schwan. „Du bist also ein Mensch. Wie bist du denn hier heraufgekommen?“
„Ich bin auf dem Mondstrahl heraufgestiegen“, antwortete Pavlos.
„Ich schwimme jetzt die Milchstraße hinauf, willst du mitkommen?“, fragte der Schwan freundlich.
„Ja“, rief Pavlos begeistert. „Das hab ich mir schon immer gewünscht!“
„Also komm“, erwiderte der Schwan, „aber halte dich gut fest, damit du nicht herunterfällst.“
Doch bevor der Schwan weiterschwamm, rief Pavlos: „Sag einmal, wie soll ich dich denn nennen? Kann ich dich einfach Deneb nennen?“
Da antwortete der Schwan: „Deneb ist zwar mein bestes Stück, aber ich heiße Cygnus.“
„Also, Cygnus“, sagte Pavlos, „warte noch einen Moment. Da sehe ich einen alten Bekannten. Ist das drüben nicht die Leier mit der Wega?“ Und er zeigte auf einen hübschen kleinen Wolkenberg, auf dem riesengroß eine goldene Leier glänzte. Von dort erklang eine Musik, so schön, wie Pavlos noch keine gehört hatte. Da sah er neben sich etwas aus den silbernen Wellen auftauchen. Zwei lustige schwarze Augen blickten ihn an, und eine gurgelnde Stimmte fragte: „Ich bin der Delphin. Kannst du dich noch an mich erinnern, Pavlos?“
Pavlos dachte einen Moment nach, dann antwortete er: „Bist du nicht der, der den Dichter ans Land gebracht hat?“
Der Delphin nickte und tauchte unter dem Schwan durch auf die andere Seite. „Ich bin selten zu sehen“, rief er, „du hast also Glück!“ Und damit war er auch schon verschwunden.
Nun begann der Schwan mit Pavlos die Milchstraße hinauf zu schwim-

men. „Halt“, rief Pavlos, „hier ist etwas, das ich immer schon aus der Nähe sehen wollte.“ Und durch eine große Wolkenstraße stürmte ein prachtvolles weißes Pferd. „Das ist Pegasus“, rief Pavlos aufgeregt. „Aber er fliegt ja gar nicht!“

Cygnus erwiderte: „Das hat er ja auch nicht notwendig, hier im Himmel.“

Das Pferd blieb kurz vor Pavlos stehen, schaute ihn erstaunt an und sagte: „Du bist Pavlos, nicht wahr? Fast jeden Abend hast du mich angesehen. Wenn du später Lust hast, auf mir zu reiten, sag es mir!“

Pavlos sagte: „Danke vielmals“, und sie schwammen weiter auf der Milchstraße. Vor sich sah er eine große Insel mitten im Strom. Darauf saß ein dickes Männchen mit einer spitzen Krone und kleinen Füßen, die unter einem langen, goldenen Mantel herausschauten. „König Cepheus!“, rief Pavlos und verbeugte sich.

König Cepheus fragte: „Kennen wir uns?“

„Natürlich, ich habe dich am Himmel gesehen und wollte dich immer kennen lernen.“

„Ach ja“, sagte Cepheus, „aber du hast mich beleidigt und Häuschen zu mir gesagt. Also, ich bitte dich, wo ist da ein Häuschen zu sehen?“ Er sprang auf seine dünnen Beinchen und streckte den Finger drohend gegen Pavlos aus. „Cygnus“, sagte er, „schäme dich, dieses Menschenkind, das mich beleidigt hat, mit dir herumzuführen.“

Der Schwan erwiderte: „Ich bitte Sie, Majestät, er versteht es nicht besser!“ Doch der König drehte sich um und war nicht zu bewegen, auch nur ein weiteres Wort zu sagen.
Kaum waren sie an seiner Insel vorbeigeschwommen, lag schon eine zweite vor ihnen, und darauf saß in einem goldenen Stuhl die wunderschöne Königin Kassiopeia. Pavlos erkannte sie sofort. Sie war schwarz, wie es der Großvater erzählt hatte, trug ein silbernes Gewand und eine silberne Krone auf dem Kopf. Sie sah Pavlos freundlich an: „Komm näher, mein lieber Pavlos.“
„Es tut mir leid“, entschuldigte sich Pavlos, „dass ich gesagt habe, Sie seien böse.“
„Ich weiß“, beschwichtigte Kassiopeia, „und du hast auch recht gehabt. Aber dafür habe ich schon längst gebüßt und bin ja auch für meine Prahlerei sehr bestraft worden. Siehst du, da unten ist meine Tochter!“
Pavlos sah auf einer wunderschönen Wiese neben der Milchstraße Andromeda. Neben ihr kniete Perseus. „Wo ist das Ungeheuer?“, wollte er wissen.
„Das Ungeheuer ist, Gott sei Dank, weit weg von hier, in dem großen Ozean, in den der Eridanus fließt. Aber es ist nicht mehr gefährlich und schwimmt friedlich zwischen den Fischen dahin. Weißt du, bei uns hier oben sind auch die Ungeheuer zahm!“

„Das ist gut, ich hatte schon Angst, von einem Drachen gefressen oder von einem Stier aufgespießt zu werden."
Pavlos tat es leid, dass der Schwan schon weiter wollte. Aber als er an Perseus vorbeikam und den herrlichen Stern Algol sah, drehte sich Perseus zu ihm um und fragte: „Willst du sehen, was ich mit meiner Flügelkappe machen kann?" Als Pavlos nickte, war Perseus plötzlich verschwunden.
„Er ist so stolz darauf, dass er sich unsichtbar machen kann", sagte der Schwan.
Weiter ging es. „Wie schön die Milchstraße ist", rief Pavlos, „von der Erde aus sieht man sie meist nur sehr blass. Ich wollte, ich könnte meinem Großvater zeigen, wie sie glitzert."
„Halt", sagte der Schwan, „hier dürfen wir nur langsam schwimmen, weil wir einen Weg suchen müssen, um den Fuhrmann herumzukommen."
„Auriga", erwiderte Pavlos stolz, „und mitten auf der Stirn die Capella. Wie schön, er hat eine Zipfelmütze auf! Aber ich habe nicht gewusst, dass seine Pferde eigentlich in der Milchstraße stehen."
„So ist es", bestätigte der Schwan, „und das ist sehr unangenehm. Man kommt nie glatt an ihnen vorbei. Da muss man sich herumschlängeln, denn hinter dem Fuhrmann muss man schon wieder Acht geben, dass man von den Hörnern des Stiers nicht aufgespießt wird und dass einem die Zwillinge nicht auf den Kopf steigen. Ich sage dir, die Milchstraße ist voller Hindernisse."
Aber für Pavlos waren gerade diese Hindernisse wunderbar. Als Nächstes segelten sie vorbei an den spitzen Hörnern des Stieres. Da machte das Tier das Maul auf, so dass Pavlos den großen Stern Aldebaran daraus hervorblitzen sah, und rief: „Pavlos, wie geht es dir?"
Pavlos freute sich, dass der Stier ihn erkannte, und antwortete begeistert: „Wunderbar, ich freue mich, dich kennen zu lernen!"

Der Stier sprach weiter: „Grüß deinen Großvater von mir und sag ihm, er ist mein besonderer Schützling. Und dass ich ihm alles Gute wünsche."
„Das wird ihn sehr freuen!"
Kurz danach sah Pavlos schon in der Milchstraße die Beine der Zwillinge. Sie hatten silberne Stiefel an und ragten wie zwei Riesenfelsen in den Himmel hinauf, wo es blitzte, wie eben nur Kastor und Pollux blitzen konnten.
„Entschuldigt bitte", bat Pavlos, „aber könntet ihr euch vielleicht ein wenig zu mir herunterbeugen, damit ich euch sehen kann?"
Da neigten die beiden ihre Köpfe, und Pavlos bemerkte, dass jeder einen großen Stern an seinem Helm trug. „Wie schön", sagte Kastor, „dass man auch einmal einen Menschen trifft."
Pollux erwiderte: „Meinst du vielleicht, dass du schon genug hast, immer nur mich anzuschauen?"
„Ja", antwortete Kastor, sprach aber weiter zu Pavlos: „Weißt du, hier stehen wir seit Jahrtausenden und sehen einander immer an. Das wird manchmal doch langweilig."
„Ach, ich bitte euch", sagte Pavlos, „manche Sternbilder stehen ja ganz allein, das ist noch viel langweiliger!"
Pollux lachte. „Siehst du, wie gescheit dieses Menschenkind ist." Darauf richteten beide ihre Köpfe wieder auf und waren in den Wolken verschwunden.
Cygnus erklärte: „Du hast Glück gehabt, wenige haben die Gesichter der Zwillinge erblickt."
Weit weg ragte aus großen Wolkenbergen ein Stern von unglaublicher Schönheit heraus. „Was ist das dort?", fragte Pavlos. „Ist das Beteigeuze oder Rigel? Ich kann es nicht erkennen."
„Das ist Beteigeuze, und darüber ist noch eine Keule, die auch zu Orion gehört."

„Das hat nicht einmal Großvater gewusst“, sagte Pavlos, „dass Orion eine Keule hat.“

„Du solltest später doch einen Ritt auf dem Pegasus machen“, schlug der Schwan vor. „Denn viele von den Himmelsbewohnern kannst du von hier aus nicht gut sehen, und auch der Orion ist besser von der anderen Seite zu betrachten!“

„Wenn ich Pegasus wiederfinde, werde ich ihn darum bitten“, sagte Pavlos, „denn ich will alles sehen, was es hier oben gibt.“

„Da müssen wir uns aber beeilen, denn viel Zeit haben wir nicht! In der Früh musst du doch wieder zu Hause sein!“ Pavlos hatte alles vergessen, was auf der Erde war. Und es fiel ihm ein, dass Mutter und Großvater da unten ja sicher auf ihn warteten. „Mach dir keine Sorgen“, sagte der Schwan, der seine Gedanken zu erraten schien. „Sie wissen ja gar nicht, dass du hier bist.“

Pavlos war beruhigt. Da entdeckte er weit vor sich an den Ufern der Milchstraße ein Licht, hell wie ein kleiner Mond. Und plötzlich erinnerte er sich an Konstantin und rief: „Das muss Sirius sein im Großen Hund.“

Sie kamen immer näher, der Hund drehte sich um und sah Pavlos groß an. „Sag Nikolaos, dass ich mich über seine Anerkennung sehr freue.“ Dann blies er sich ein wenig auf und fuhr fort: „Aber schließlich bin ich ja auch das Hellste, was es an diesem Himmel gibt.“

Der Schwan sagte: „Mein Deneb ist auch nicht übel!“

„Auf Wiedersehen“, rief Pavlos, „ich werde Großvater von dir grüßen.“ Riesig breit wurde die Milchstraße, aber große Sterne gab es keine mehr zu sehen. Pavlos fragte den Schwan: „Kennst du Stefanides?“

„Natürlich!“

Pavlos war ganz aufgeregt. „Und wo ist er, in der Nähe vielleicht?“

Cygnus erwiderte: „Lass mich nachdenken. Das letzte Mal habe ich ihn

bei der Waage gesehen, aber soviel ich weiß, geht er zwischen uns hin und her, weil er mit allen sehr befreundet ist. Einmal habe ich ihn sogar auf dem Delphin sitzen sehen."

„Er ist also da", sagte Pavlos, „ich muss ihn finden! Wie soll ich denn das machen?" Der Schwan erklärte, er müsse jetzt umkehren, und Pavlos täte besser daran, abzusteigen.

Da kam durch die Luft ein großer Adler angeflogen, der sich neben ihnen am Ufer niederließ. „Hör zu, Cygnus", sagte der Adler, „alle suchen dich schon. Was machst du eigentlich hier unten, weit weg von der Leier und von Cepheus?"

Da lachte der Schwan. „Was das für eine Aufregung ist, wenn man einmal einen Ausflug macht!"

Der Adler sah Pavlos an: „Willst du mit mir kommen? Ich fliege jetzt zu-

rück zu meinem Platz an der Milchstraße. Da fliegen wir an vielem vorbei, das du vielleicht noch nicht gesehen hast."
Pavlos bedankte sich sehr beim Schwan und streichelte ihm über den schönen glitzernden Kopf. „Es war sehr lieb von dir, mich mitzunehmen."
„Grüße Nikolaos schön von mir", sagte der Schwan, „ich sehe dich ja später noch einmal, wenn du zur Milchstraße zurückkehrst."
„Halte dich nur gut fest", mahnte der Adler. Und Pavlos, der ein wenig Angst hatte, versteckte sich in den Federn des Adlers. Am Kopf hatte der Adler zwei silberne Augen, von denen eines der Altair war und ihnen den Weg beleuchtete. Plötzlich sah Pavlos aus den weißen Fluten der Milchstraße ein Tier aufsteigen, so schön, wie er noch keines gesehen hatte. Es war schneeweiß, hatte den Körper eines Pferdes, und auf der Stirn trug es ein langes, wunderschönes Horn. Am Ende des Horns aber stand ein Stern und glitzerte ihn an. „Wer bist du?", fragte Pavlos überrascht.
Da antwortete das Tier: „Ich bin das Einhorn, Monoceros."
„Dich hat der Großvater vergessen", erwiderte Pavlos. „Aber auch auf der Karte habe ich dich nicht gesehen."
„Das muss eine alte Karte sein, denn ich bin noch nicht so lange am Himmel. Sag bitte dem Großvater, dass es mich auch gibt. Es kränkt mich sehr, wenn mich die Leute vergessen."
Der Adler krächzte ein wenig, und Pavlos sagte: „Du bist wirklich schön. Hast du auch eine besondere Geschichte?"
„Du wirst es nicht glauben, aber ich habe viele Geschichten", antwortete das Einhorn. „Ich komme in tausend Märchen und Sagen vor. Warum ich jedoch hier am Himmel bin, weiß ich eigentlich selbst nicht."
Pavlos verabschiedete sich, und der Adler trug ihn weiter. Unter ihnen lag ein großes Wasser, aus dem der Kopf eines Ungeheuers herausschaute. „Ist das die Hydra?", fragte Pavlos den Adler.

Der Adler nickte so eifrig mit dem Kopf, dass Pavlos fast heruntergefallen wäre. „Mach dir keine Sorgen", sagte der Adler, „solltest du wirklich herunterfallen, kann dir trotzdem nichts passieren. Du fällst höchstens in dieses Wasser und machst nähere Bekanntschaft mit der Wasserschlange oder dem Krebs. Aber sie tun dir nichts. Im Gegenteil, ich glaube, sie wären sehr froh, dich kennen zu lernen!"
Pavlos sah nur ein Stück von der Hydra und daneben den Krebs, der gerade den Kopf hob, als sie über ihn hinwegflogen. „Was ist das?", fragte der Krebs. „Ein zweiter Ganymed?"
„Ich bin Pavlos Manides", rief Pavlos hinunter, „und nicht der Mundschenk der Götter."
„Wir wissen schon", rief die Wasserschlange und schaute jetzt auch hinauf. „Wir hoffen, dass es dir bei uns gefällt."
„Und wie!", erwiderte Pavlos. „Es ist herrlich."

Von weitem brüllte der Löwe, und Pavlos konnte den Stern Regulus an einem Fuß des Löwen gut sehen. „Hast du schon Herkules gesehen?", rief der Löwe.
„Nein, noch nicht."
„Wenn du ihn siehst, sag, ich lasse ihn schön grüßen! Er weiß schon, was das heißt." Und dazu lachte er laut, sprang auf eine Wolke, so dass er neben Pavlos saß, und flüsterte ihm zu: „Weißt du, mit den Göttern ist es auch nicht mehr so, wie es einmal war! Seit die Menschen da unten nicht mehr an sie glauben, sind die Götter kleinlaut geworden." Pavlos lachte, denn der Löwe machte ein lustiges Gesicht. Er war voller Schabernack und gab dem Adler zu guter Letzt noch einen Stoß, so dass dieser fast abstürzte. Pavlos sah sich die Wasserschlange, die sich noch immer unter ihm dahinschlängelte, genau an, denn er wusste, dass er sie von der Erde aus nicht sehen konnte. Da ringelte sie sich ein paarmal im Kreis und spritzte stolz mit dem langen Schwanz. Auf der anderen Seite sah Pavlos eine wunderschöne, in glitzernde Seide gekleidete Frau, die auf einem goldenen Bett lag und zu ihm heraufsah. „Du bist die Jungfrau", sagte er.
„Ich bin Astraea", antwortete sie, „sag mir, geht es auf der Welt nicht mehr so schlimm zu? Sind die Menschen nicht mehr so böse?"
Pavios dachte einen Moment nach. Er wusste nicht, was er darauf sagen sollte. „Ich kenne viele gute Leute und nur ganz wenig böse."
„Gut. Siehst du, da drüben liegt die Waage", erklärte Astraea. „Du weißt doch, dass ich früher die Göttin der Gerechtigkeit war. Die guten und die bösen Taten der Menschen habe ich auf dieser Waage gewogen." Die Jungfrau seufzte und schlief wieder zwischen ihren Wolkenpolstern ein.
Es war so viel zu sehen auf allen Seiten, dass Pavlos den Adler bat, etwas langsamer zu fliegen. „Dort sitzt ja Bootes auf einer Wolkenbank. An ihm ist auch etwas Neues! Er raucht eine Pfeife!"

„Eine Unsitte“, tadelte der Adler, „es sollte verboten werden, im Himmel zu rauchen!“
Bootes drehte sich um und winkte Pavlos zu. „Lass dir nichts über meine Pfeife erzählen! Wer würde denn die kleinen Schäfchenwolken machen, die der Merkur hütet, wenn nicht ich mit meiner Pfeife?“
Das gefiel Pavlos. „Da leuchtet Arkturus auf deinem Knie. Was hat das für eine Bedeutung?“
„Weißt du, das sind die zusammengerollten Zügel, an denen ich meine Ochsen gehalten habe. Aber die sind mir längst abhandengekommen. Ich glaube, sie sind auf der Erde geblieben.“
Auf einmal hörte Pavlos ein Geräusch, als ob ein Ungeheuer huste oder nieste. „Was ist das?“, fragte er. Da lachte Bootes und zeigte auf eine glänzende tiefschwarze Schnauze, die aus den Wolken herausragte.
„Die Pfeife ist unerträglich“, brummte eine tiefe Stimme.
Bootes lachte. „Immer wieder blase ich versehentlich den Rauch in die falsche Richtung, und dann landet er direkt in der Nase des Großen Bären.“
„Weißt du“, fuhr die tiefe Stimme fort, „Jahrmillionen schon trage ich einen großen Wagen auf meinem Rücken, und das ist sehr schwer. Aber immer, wenn ich ein kleines Schläfchen machen will, bläst mir Bootes seinen Rauch ins Gesicht.“
Vom Bären konnte Pavlos wenig sehen, denn er war hinter einer Wolke versteckt. „Später vielleicht“, dachte er, „werde ich ihn von der anderen Seite betrachten können.“
Der Adler flog weiter, und da erschienen der Kopf und die Hälfte einer Schlange. „Serpens caput“, schrie Pavlos, „ich kenne dich. Du bist ein Stück vom Schlangenträger.“ Und dann sah Pavlos auch die Hand, die die Schlange hielt. Oben aber, dort, wo der Kopf der Schlange war, sah er die in tausend Farben strahlende Krone.

Der Schlangenträger war ein herrlicher Mann mit einem dreieckigen Hut, auf dem ein großer Stern saß. In der einen Hand hielt er den Kopf der Schlange, den Pavlos schon gesehen hatte. Der Rest der Schlange ringelte sich um die Mitte des Ophiuchus und ragte auf der anderen Seite bis in seine andere Hand hinauf. Die Füße des Schlangenträgers aber waren viel zu klein für den großen Körper. Der eine Fuß befand sich in gefährlicher Nähe der großen Scheren des Skorpions, der von unten zu Pavlos herauf sah. „Einmal zwicke ich ihn doch", rief der Skorpion ihm zu, „immer spaziert er knapp an meinem Kopf vorbei, wo doch mein schönstes Stück Antares sitzt. Aber warte nur", rief er Bootes zu, „trittst du mich, dann stech' ich dich!"

„Wenn er Ophiuchus sticht, schieße ich", rief der Mann mit dem Bogen, der den Pfeil direkt auf den Skorpion gerichtet hatte.

Pavlos beugte sich herunter und sagte: „Du bist der Schütze, nicht wahr?"

„Sicher“, antwortete Sagittarius. „Und du bist Pavlos und hast mich noch nie gesehen. Wieso erkennst du mich?“
„Ah“, erwiderte Pavlos, „ich habe ein Buch, in dem du abgebildet bist.“
„Was für ein Buch?“
„Stefanides hat es mir geschenkt, da sind alle antiken Sternbilder abgebildet, die großen und die kleinen.“
„Stefanides? Den habe ich ja gerade gesehen.“
„Du hast Stefanides gesehen?“, rief Pavlos aufgeregt. „Wo ist er hingegangen?“
„Ich glaube, er ist gerade beim Steinbock.“
„Auf Wiedersehen“, rief Pavlos, „es tut mir leid, dass ich nicht länger bleiben kann.“
Der Adler sagte, es sei höchste Zeit, dass er wieder an seinen Platz zurückkehre. „Aber ich bringe dich noch zum Steinbock. Dort muss ich dich zurücklassen. Wir sind einen großen Kreis geflogen.“
Der Steinbock stand auf der Spitze eines riesigen Wolkenberges. Einmal kreiste der Adler um ihn herum, dann setzte er Pavlos auf der Spitze eines seiner Hörner ab. Pavlos musste sich festhalten, damit er nicht herunterfiel. Langsam rutschte er am Horn entlang und landete auf dem Kopf des Steinbocks. Da sah er unter sich Stefanides, der auf einer kleinen Wolke saß und ihn beobachtete. „Da bist du endlich“, rief Pavlos, „ich habe dich schon so lange gesucht!“
Pavlos sprang auf die Wolke zu Stefanides. Der empfing ihn mit offenen Armen und sagte: „Mein Pavlos, du hast es also doch geschafft!“
Pavlos lachte. „Ich freue mich so, dich zu sehen.“
„Ich führe dich jetzt durch Weiten des Himmels, die du von deiner Erdhälfte aus nie sehen kannst. Ich zeige dir den großen südlichen Sternenhimmel.“

„Aber alles habe ich hier auch noch nicht gesehen, es fehlt noch einiges."
„Gut", sagte Stefanides, „dann holen wir das noch nach. Wo sollen wir denn anfangen?"
„Gleich hier. Zum Beispiel habe ich mir den Steinbock noch gar nicht angesehen."
„Ist er nicht schön?", fragte Stefanides.
„Unten sieht er aus wie Pan", meinte Pavlos, „aber oben nicht. Pan hatte einen Menschenkopf."
„Stimmt", sagte der Steinbock, „und ich bin auch nicht Pan, ich soll die Menschen nur an ihn erinnern, weil er keinen Platz am Himmel bekommen hat."
Pavlos lachte. „Du gefällst mir als Steinbock sehr gut, auch wenn du keine großen Sterne trägst."
„Dafür", sagte der Steinbock, „bin ich aber ein großes Sternbild. Viel größer zum Beispiel als der kleine Wassermann."
Da tauchte aus dem Meer, das sich zwischen Pegasus und dem Adler ausbreitete, der Wassermann auf und sah Pavlos und Stefanides erstaunt an. In der Hand hielt er einen Krug, genau so, wie er im Sternenbuch abgebildet war, ein wunderschöner Knabe mit goldenen Haaren und goldenen Schuhen an den Füßen. „Wohin geht ihr?", fragte der Wassermann.
„Wir gehen zu den Fischen", antwortete Stefanides, „das sind die Beschützer meines kleinen Freundes."
„Aha", erwiderte der Wassermann, „aber vergiss bitte nicht, hinter diesen Wolkenbogen zu schauen! Sonst wäre jemand sehr beleidigt, der da unten gar keine Gesellschaft hat."
Stefanides nahm Pavlos an der Hand, und sie gingen über eine Wolkenstraße immer weiter, einem Licht zu, das wie der Mond strahlte. Plötzlich, hinter einer großen Wolke, sahen sie ein Meer vor sich mit dunkelblauen

Wellen. Und auf einer kleinen Insel stand ein silberner Palast, ganz allein. Sie kamen näher und gingen hinein. Da sahen sie auf einem blauen Thron einen strahlenden König sitzen. Er trug eine Krone, die von so vollkommener Schönheit war, dass sie die beiden blendete. „Seid willkommen in meinem Palast", begrüßte sie der König. „Du bist Stefanides. Niemand weiß so wie du meine Schönheit zu schätzen."
Pavlos aber dachte bei sich: „Das ist Fomalhaut. Ich wusste nicht, dass er König ist!"
Da blickte Fomalhaut Pavlos an und sagte: „Eines Tages, wenn du groß bist, wirst du vielleicht auf einem Schiff in den Süden fahren. Dort kannst du mich in all meiner Schönheit bewundern. Jetzt bin ich gerade noch bei euch zu sehen, aber in ein paar Tagen bin ich dann bis nächsten September verschwunden."
„Auf Wiedersehen", sagte Stefanides, „bitte sei nicht böse, aber wir haben wenig Zeit. Bevor die Nacht zu Ende ist, muss Pavlos zurück auf der Erde sein."
„Ich freue mich", sprach König Fomalhaut zu Pavlos, „deine Bekanntschaft gemacht zu haben!"
Die beiden verließen den silbernen Palast und gingen die Wolkenstraße zurück. Jetzt erst sahen sie, dass sie auf einer Art Brücke dahinschritten, links und rechts von ihnen erstreckte sich ein großes Meer. Da rief Pavlos: „Schau, Stefanides, das Ungeheuer, der Walfisch!"
Und Stefanides sah zu seiner Linken den großen Walfisch aus den Wellen aufsteigen. Er spie riesige Mengen Wasser aus und sagte gurgelnd: „Willkommen!" Dann erklärte er, zu Pavlos gewandt: „Ich bin gar kein Ungeheuer, ich bin ein ganz gewöhnlicher Walfisch. Und die Geschichte mit Andromeda, die hat sich jemand ausgedacht, der es mit mir nicht gut gemeint hat. Ich speie weder Feuer noch fresse ich arme Jungfrauen. Ich

spiele höchstens mit den Fischen und spritze hier und da mit meinem großen Schwanz den Widder an."

„Das werde ich Nikolaos erzählen", sagte Pavlos, „denn auf der Erde hast du wirklich einen üblen Ruf."

„Aber du und Nikolaos, ihr könntet doch beide diese Angelegenheit für mich in Ordnung bringen. Wenn du erst ein großer Astronom bist, kannst du es ja allen Leuten erzählen." Pavlos nickte und schaute hinüber zu den Fischen, die lustig hin und her schwammen.

„Unser kleiner Fisch", sagte einer von ihnen und schwamm ganz nahe an Pavlos heran, „da ist unser kleiner Fisch Pavlos. Wie geht es dir? Wir freuen uns sehr, dass du gekommen bist. Denn niemand weiß so gut wie wir, was du da unten machst!"

Pavlos kniete sich auf die Brücke, damit er näher an die Fische herankam, einer sprang in die Luft und zwickte ihn in die Nase. Stefanides aber sagte: „Komm, Pavlos, sonst zieht dich einer von diesen übermütigen Gesellen in die Tiefe."

Pavlos verabschiedete sich und winkte noch lange, während er mit Stefanides zurück zu Aquarius, dem Wassermann, ging.

Vor ihnen stand plötzlich schnaubend das geflügelte Pferd Pegasus und sagte: „Pavlos, du hast Stefanides endlich gefunden!" Die beiden schwangen sich auf seinen Rücken, das Pferd machte eine scharfe Drehung und sprang über Andromeda auf einen Wolkenberg zu.
An den Hängen dieses Berges wuchs silbernes Gras. Und dort graste friedlich der Widder Aries. Als er Pavlos sah, rief er: „Endlich ein Hirte, ein echter Hirte, der etwas von Schafen versteht. Stefanides wusste, dass du eines Tages kommen würdest. Ich zeige dir jetzt eine Weide, wie du sie dir im Leben nicht vorstellen konntest." Pavlos sah, wie sich das silberne Gras im Himmelswind wiegte, er fasste es an, und es war weich wie Seide. „Auf Wiedersehen, wir müssen leider weiter", sagte er. Aries nickte.
Kaum waren sie um die nächste Wolkenbank geritten, wurden sie samt dem Flügelpferd von sieben tanzenden Jungfrauen umringt. Stefanides sagte leise: „Das sind die Pleiaden. Man muss sich vor ihnen in Acht nehmen! Wir müssen ihnen schnell entwischen, sonst halten sie uns auf ewig fest." Pegasus trabte weiter aufwärts und sprang über den Stier direkt vor die Füße des Orion. Dort hielt er an, so dass Stefanides und Pavlos genau auf der Schulterhöhe des Riesen standen, wo ihnen Beteigeuze mit seinem herrlichen Licht entgegenschien. Über ihnen schwang Orion drohend seine gewaltige Keule, so dass Pavlos sich voller Angst in Stefanides' weitem Mantel versteckte.
„Um mich in meiner ganzen Größe zu sehen", sagte Orion, „müsst ihr zum Fluss Eridanus reiten. Von dort könnt ihr mich von Beteigeuze bis Rigel, meinen Bogen, meinen Gürtel und mein Schwert betrachten."
Und so ritten sie hinüber zum Fluss, der sich durch eine Ebene schlängelte, und stiegen vom Pferd. Pegasus graste friedlich, Stefanides setzte sich mit Pavlos daneben, und sie staunten den Riesen Orion an. „Er ist wahrhaftig ein Wunder an Schönheit und Größe", sagte Stefanides.

Orion erwiderte stolz: „Es gibt nur wenige Menschen auf der Erde, die sich am Himmel gut auskennen. Aber ich bin den meisten bekannt." Er beugte sich zu Pavlos und fragte: „Stimmt's, Pavlos?"
Pavlos stotterte: „Ja, du und die zwei Bären! Aber dich können wir leider immer nur im Winter sehen."
„Ja", bestätigte Orion, „im Sommer gehe ich zur Jagd in den Süden. Und ich nehme meine Hunde, das Einhorn und den Hasen mit, damit sie mir Gesellschaft leisten."
„Siehst du", rief Pavlos und zeigte hinüber auf das Einhorn, das zu ihnen herüberäugte, „Stefanides, das Einhorn habe ich in deinem Buch nicht gefunden."
„Und doch ist es drinnen", erwiderte Stefanides, „wenn du zurückkommst auf die Erde, sieh nach auf Seite 360. Da sind die Sterne vermerkt, die erst später entdeckt wurden. Da ist das Einhorn dabei und noch etliche andere."
„Ist es nicht wunderschön", sagte Pavlos, „mit dem spitzen gedrehten Horn!"
„Ich freue mich", erwiderte Orion, „dass euch meine Tiere gefallen!"
„Auf Wiedersehen", rief Stefanides, „wir müssen heute noch viel sehen."
„Pegasus", sagte Stefanides, „du bist sicher schon müde, mit uns herumzureiten. Würdest du uns bitte nur noch bis zur Argo bringen?" Zu Pavlos sagte er: „Vielleicht lässt sie uns einsteigen, und dann fahren wir mit ihr in den südlichen Himmel." Pegasus machte einen großen Satz, sprang über den Fluss, stürmte an Sirius vorbei und blieb vor dem Bug des Schiffes Argo stehen.

BEI DEN SÜDLICHEN STERNEN

„Kommt mit, kommt mit", rief Argo, „ich fahre gerade ab. Schnell, alles einsteigen!" Da bedankten die beiden sich bei Pegasus für den wunderschönen Ritt und sahen ihn in großer Eile durch die Wolken davonbrausen.

Die Argo war ein herrliches Schiff mit riesigem Segel. Kaum waren sie abgefahren, sah Pavlos auch, dass das Schiff zur Hälfte auf der Milchstraße und zur Hälfte im riesigen Himmelsmeer fuhr, so wie es ihm Nikolaos erzählt hatte. Der große Stern Canopus leuchtete unter ihnen vom Kiel her durchs Wasser herauf. „Vieles, was du jetzt zu sehen bekommst, ist ganz neu für dich", sagte Stefanides. Dann wandte er sich an Argo: „Ich bitte dich, heute ausnahmsweise in die andere Richtung zu fahren, die Pavlos noch gar nicht kennt." Und da drehte das Schiff um und fuhr die Milchstraße hinunter. „Gleich kommt das schönste Sternbild am südlichen Himmel mit den großen Sternen Acrux und Becrux. Das ist das Kreuz des Südens. Schau es dir gut an, Pavlos, und erzähle Nikolaos, wie es den ganzen Himmel erleuchtet."

„Was ist darunter, dieses lustige Ding mit den vielen Beinchen?"

„Das", antwortete Stefanides, „ist die Fliege, die Südliche Fliege."

„Und sie ärgert mich", sagte eine Stimme, „immer summt sie um meine Füße herum und macht mich nervös, während ich doch das Südliche Kreuz bewachen muss." Vor ihnen bemerkten sie zwei silberne Hufe, die hell leuchteten. Pavlos blickte hoch, er sah zwei Beine, dann einen großen, silbrig behaarten Pferdebauch, dahinter einen silbernen Schwanz und zwei weitere silberne Beine mit silbernen Hufen, die allerdings nicht so hell leuchteten.

Es war ein riesiges Sternbild, und Pavlos musste auf den Mast klettern, um

es näher betrachten zu können. Stefanides aber rief von unten: „Weißt du, was es ist?“
„Ah, jetzt sehe ich den Kopf“, rief Pavlos hinunter. „Es hat einen Menschenkopf und die Arme ausgebreitet. Es ist Chiron, der Zentaur mit der traurigen Geschichte.“
Chiron erzählte: „Aber das ist schon lange vorbei, und hier in den Wolken auf der Milchstraße bewache ich das Südliche Kreuz und unterhalte mich mit der Wasserschlange.“
„Haben deine großen Hufe auch Namen?“, fragte Pavlos.
„Leider keine sehr einfallsreichen. Den einen nennen sie unten auf der Erde Alpha Centauri und den anderen Beta Centauri, sozusagen A und B.“
„Und was ist das da vorn?“, rief Pavlos aufgeregt. „Es sieht so aus, als ob es sich auf Chiron stürzen wollte.“
Chiron antwortete: „Aber nein, das ist mein alter Freund, der Wolf, der immer auf der Milchstraße auf und ab spaziert.“
Jetzt hatte das Schiff große Schwierigkeiten, denn eine Menge Inseln ragten rundherum auf, zwischen denen es sich durchschlängeln musste. „Da unten, siehst du“, sagte Stefanides, „das ist der Altar. Aber ich kenne seine Geschichte nicht, obwohl es ein Sternbild des Ptolemäus ist!“
„Die Geschichte“, sagte der Altar, „ist eine gute Geschichte, zumindest ist sie gut ausgegangen.“ Das Schiff Argo warf seinen Anker aus und blieb liegen, damit Ara seine Geschichte erzählen konnte. „Es war einmal in Griechenland ein berühmter König, Agamemnon. Eines Tages ging er jagen und schoss einen herrlichen Hirsch. Er wusste nicht, dass Diana, die Göttin der Jagd, diesen Hirsch über alles liebte und dass sich ihr Zorn von nun an gegen ihn richten würde. Da wurden Agamemnons Krieger von der Pest befallen, und seine Schiffe konnten den Hafen nicht verlassen,

weil Diana ihnen den Wind aus den Segeln nahm. Darauf ging Agamemnon zu Kalchas, einem berühmten Wahrsager, der ihm von dem Zorn der Göttin berichtete und dass sie nur zufriedengestellt werden könne, wenn Agamemnon ihr seine eigene Tochter auf einem Altar als Opfer darbringen würde. Agamemnon war untröstlich. Und da beginnt meine Geschichte. Denn ich war der Altar, auf dem Agamemnons Tochter Iphigenie geopfert werden sollte. Sie war eine wunderschöne Jungfrau, und ihr könnt euch vorstellen, wie sehr ich für sie zitterte! Diana aber hatte selbst Mitleid mit ihr, entführte Iphigenie, in eine Wolke gehüllt, und brachte sie auf die Insel Tauris, wo sie sie zu ihrer Priesterin erhob. Mich aber hat man in den Himmel versetzt." Das Schiff zog nun den Anker ein, und sie fuhren weiter. „Vom Wolf wissen wir gar nichts?", fragte Pavlos, der ihn friedlich am Ufer der Milchstraße liegen sah. Aber Stefanides schüttelte den Kopf. Und der gute Wolf schlief so fest, dass sie ihn nicht wecken wollten.

Vor ihnen lag jetzt quer über der Milchstraße der große, fürchterlich aussehende Skorpion, von dem Pavlos schon einen Teil gesehen hatte.

„Da sind wir wieder, dort, wo du deinen Rundgang begonnen hast“, sagte Stefanides, „trotzdem fehlt dir noch einiges. Da du aber die ganze Milchstraße im Kreis gefahren bist, kann das, was dir fehlt, nicht auf ihr liegen.“ Deshalb verabschiedeten sie sich von Argo und dankten vielmals für die Schiffsreise. „Da drüben“, sagte Stefanides, „wo wir uns getroffen haben, steht der Steinbock. Vielleicht nimmt er uns mit, damit wir noch rasch, bevor die Nacht zu Ende ist, auch die anderen südlichen Sterne sehen können.“ Der Steinbock hatte nichts gegen ihre Reise. Seit Stefanides ihn verlassen hatte, war ihm langweilig gewesen. „Ich bringe euch sicher in einer Rundreise um den südlichen Pol.“ Er sprang mit einem großen Satz in die Lüfte. Unter sich sahen sie den strahlenden Fomalhaut im Südlichen Fisch, und dann zeigte Stefanides Pavlos die seltsamsten Tiere, die er je gesehen hatte. Da war ein Kranich mit herrlichem weißem Gefieder, ein Tukan mit gelbem gebogenem Schnabel, ein herrlich bunter Vogel, der gerade aufstieg. Und eine zweite Wasserschlange. Sie flogen über die Quelle Achernar, wo der Fluss Eridanus entsprang. In der Mitte erhob sich ein großer Berg, das war der südliche Pol. An seinen Hängen gab es Paradiesvögel und seltene Tiere, die ihre Farbe häufig wechselten. Dann erblickten sie ein Dreieck,

das durch die Luft wirbelte, und dahinter die Südliche Fliege, die umherschwirrte. Endlich waren sie am Kreuz des Südens angelangt. Von oben sah es herrlich aus. Immer höher stieg der Steinbock in die Lüfte, bis Pavlos unter sich in einer Runde die Tierkreiszeichen sah: den Schützen, den Skorpion, die Waage, die Jungfrau, den Löwen, den Krebs. „Ah", rief Pavlos, „da sehe ich den Krebs wieder!"
„Aber schau nur, es gibt noch mehr Tierkreiszeichen, und da sind die Zwillinge, der Stier, der Widder und deine Fische. Ganz zum Schluss siehst du den Wassermann. So wie du hat sie noch niemand gesehen."
„Nur ich fehle noch", rief der Steinbock, „ihr müsst mich an meinen Platz zurückversetzen." Und er sauste durch die Wolkenberge davon bis an seinen Platz zwischen Wassermann und Schütze. Die beiden bedankten sich und stiegen ab.
„Du wirst es nicht glauben", sagte Pavlos zu Stefanides, „aber mir fehlen noch drei wichtige Sternbilder: Herkules, der Drache und der Kleine Bär mit dem Polarstern."
Sie stiegen auf eine Wolke, da kam eine freundliche Brise und blies sie am Himmel dahin, bis sie zu einem glitzernden See gelangten. In der Mitte ragte eine Insel heraus, auf der ein lustiger kleiner Bär stand, dessen eines Auge blitzte und funkelte. „Das sind der Polarstern und der Kleine Bär", erklärte Stefanides. Der Bär nickte Pavlos zu.
„Du und deine Mutter, ihr seid die wichtigsten Sternzeichen am Himmel", sagte Pavlos, „ohne euch könnte ich die anderen Sterne nie finden!"
„Ganz richtig", brummte der Bär, „aber du siehst, wenn auch alles hübsch aussieht, ist es doch hier eher ungemütlich."
Da bemerkten Stefanides und Pavlos, dass am Ufer in einem großen Halbkreis ein schillernder Drache lag, dessen Kopf aber so weit weg war, dass er hinter den Wolken verschwand. „Er passt auf dich auf", sagte Stefanides.

„So kann man es auch sehen“, entgegnete der Kleine Bär, „damit niemand meinen Polarstern stiehlt.“
Und der Große Bär, der dicht daneben stand, nickte mit dem Kopf und brummte: „Ja, ja, mein Söhnchen.“
„Und jetzt“, sagte Pavlos, „fehlt noch Herkules.“
Da drehte der Drache ihnen seinen schrecklichen Kopf zu und sagte: „Fürchtet euch nicht vor mir, steigt auf meinen Rücken und geht ihn entlang bis zum Ende. Dicht an meinem Kopf werdet ihr Herkules finden.“
„Danke schön“, sagte Stefanides und nahm Pavlos an der Hand. Zu zweit gingen sie über den breiten Rücken des Drachen. Von weitem sahen sie die Keule und den Kopf des Herkules. Ein Bein hatte er in die Luft gestreckt, als befände er sich gerade im Lauf.
Er drehte sich zu den beiden um und sagte: „Bin ich euch so wenig wert, dass ich der Letzte bin, den ihr besucht?“
Pavlos antwortete etwas verschüchtert: „Entschuldigen Sie bitte, aber es hat sich zufällig so ergeben, und es ist schwer, sich hier zurechtzufinden.“
„Das stimmt“, erwiderte Herkules, „aber Stefanides kennt sich ja gut aus. Ich warte nur darauf, dass auch er zu einem Sternbild wird!“
Da lachte Stefanides und sagte: „Das wäre schön! Dann lasse ich mich hier in deine Nähe setzen, damit du mir deine wunderbaren Abenteuer immer wieder erzählen kannst.“
Herkules sagte: „Hört ihr? Die Leier spielt. Wenn dieses Lied ertönt, dann ist die Nacht bald zu Ende.“
Da sagte Stefanides: „Pavlos, du musst zurück.“
Pavlos nickte traurig. „Das ist sicher die schönste Nacht meines Lebens!“, dachte er. Stefanides legte seinen Arm um Pavlos, und sie gingen langsam auf einer schmalen Wolkenstraße einem hellen Licht zu. „Was ist das?“, fragte Pavlos.

„Das ist der Mond", antwortete Stefanides, „und du musst nach Hause, denn er geht schon unter!" Vor ihnen hing eine große Wolkenwand. Sie blieben davor stehen, und Stefanides sagte: „Hier trennen sich unsere Wege." Dann küsste er Pavlos auf beide Wangen: „Aber merk dir, ich sehe dich immer und denke an dich."

Pavlos sagte mit Tränen in den Augen: „Stefanides, ich wollte mich noch für alles …" Aber dann sah er plötzlich, dass er schon mitten in den Wolken war. Stefanides war verschwunden. Es wurde dunkler und dunkler, und plötzlich fiel Pavlos hinab. Er schrie vor Angst auf, aber es half nichts, er fiel und fiel und fiel.

„Jetzt bin ich gleich tot", dachte er. Dann traf er hart auf. Pavlos hörte Stimmen und überlegte: „Also, tot bin ich doch nicht."

Er hörte die Mutter sagen: „Um Gottes willen, wie ist denn das geschehen?"

Dann vernahm er die Stimme des Großvaters: „Komm, wir legen ihn zusammen aufs Bett."
„Warum ist er denn ganz angezogen, verstehst du das?", fragte die Mutter.
„Nein", erwiderte der Großvater. Da öffnete Pavlos die Augen, sah die Mutter und Nikolaos über sich gebeugt, und da wusste er, dass er wieder auf der Erde war. Er bewegte langsam ein Bein und das andere Bein, einen Arm und den anderen Arm und merkte, dass er sich nichts gebrochen hatte. Aber der Kopf tat ihm weh.
„Ich glaube, er hat Fieber", sagte Nikolaos.
Die Mutter fühlte seine Stirn. „Du hast sicher recht", erwiderte sie, „er ist ganz heiß." Pavlos wollte nicht fragen, wo man ihn gefunden hatte und warum er jetzt im Bett lag. Die Mutter sagte: „Es ist besser, du bleibst heute liegen. Ich glaube, du kriegst einen Schnupfen."
Kaum war die Mutter hinausgegangen, legte Pavlos beide Arme um den

Hals des Großvaters und flüsterte: „Ich war oben und hab alles gesehen, und Stefanides hab ich auch getroffen. Er lässt dich schön grüßen!"
Der Großvater war ganz verwirrt und dachte: „Das Kind fantasiert." Dann half er Pavlos aus den Kleidern. Als Pavlos wieder im Bett lag, sagte Nikolaos: „Wenn wir allein sind, erzählst du mir deinen Traum, ich bin ja so neugierig."
Pavlos erwiderte: „Es war kein Traum, wirklich! Weißt du, wie leicht es war hinaufzukommen? Da war eine silberne Leiter, und ich hab mich gar nicht gefürchtet. Aber herunter bin ich gefallen."
„Gefallen?", fragte der Großvater.
„Ja", antwortete Pavlos, „einfach durch die Wolken gefallen. Wo habt ihr mich denn gefunden?"
„Hier im Zimmer, auf dem Boden neben dem Bett."
„Hm", sagte Pavlos, „mir kam es vor, als wäre ich auf einen Stein gefallen."
Da kam die Mutter herein mit heißem Tee und forderte ihn auf: „Trink, das wird dir guttun." Dann winkte sie den Großvater aus dem Zimmer. „Sag, was soll das alles bedeuten? Warum war er denn angezogen? Er ist doch vor uns ins Bett gegangen."
„Weißt du", erklärte Nikolaos, „ich glaube, er wollte gestern noch am Himmel etwas sehen und hat sich hinausgeschlichen. Und dann hat er sich, um uns nicht aufzuwecken, angezogen niedergelegt. Und ist einfach am Morgen aus dem Bett gefallen. Das kann ja passieren."
Der Großvater setzte sich wieder an Pavlos' Bett. „Ich bin so froh, dass ich da oben war", flüsterte Pavlos, „aber ich bin genauso froh, wieder hier bei euch zu sein. Großvater, es war ganz bestimmt kein Traum!" Der Großvater lächelte, aber Pavlos fuhr fort: „Ich kann dir beweisen, dass es kein Traum war!"
„Und wie willst du das machen?", fragte Nikolaos.

Da setzte sich Pavlos im Bett auf und sagte aufgeregt: „Bitte, hol das große Sternenbuch." Der Großvater stand auf und kam nach kurzer Zeit mit dem Buch zurück. „Sieh einmal nach auf Seite 360."
„360?", fragte Nikolaos. „So viele Seiten hat das Buch gar nicht."
„Oh doch", erwiderte Pavlos, „es muss 360 Seiten haben."
„Sehen wir einmal nach. Ja richtig, hier ist die Seite. Und was soll drauf stehen?"
Pavlos sagte: „Dort müssen die Sternbilder vermerkt sein, die nach Ptolemäus am Himmel entdeckt worden sind, das Einhorn zum Beispiel."
„Ein Einhorn?", fragte der Großvater, und da hatte er es auch schon gefunden. Er runzelte die Stirn, dann sah er Pavlos ungläubig an. Er war sprachlos.
Da sagte Pavlos: „Und ein Dreieck war auch da und ein großer bunter Vogel und eine zweite Wasserschlange, dann noch ein Schwertfisch und eine Taube. Und das Wichtigste", sagte Pavlos ganz aufgeregt, „das Kreuz des Südens."
Der Großvater studierte die Seite genau, immer wieder sah er Pavlos an, und immer wieder schüttelte er den Kopf. „Ich kann das nicht verstehen", sagte er, „wir haben die Seite 360 nie angesehen." Es war ein Rätsel.
„Siehst du! Glaubst du mir jetzt, dass es kein Traum war?"
Da erwiderte der Großvater: „Später, wenn du dich wohler fühlst, erzählst du mir alles ganz genau."
Noch viele Abende verbrachten die beiden gemeinsam über dem Sternenbuch, und Pavlos erzählte dem Großvater alles, was sich auf der Reise zugetragen hatte. Pavlos kam im Herbst in die Schule und lernte eifrig. Die abenteuerliche Reise zu den Sternen hat er nie vergessen. Aus Stefanides' Haus aber wurde später wirklich eine Schule. Nikolaos hat das alles noch erlebt, und als er starb, war Pavlos nicht traurig, denn er war sicher, dass der Großvater mit Stefanides bei den Sternen auf ihn wartete.

REGISTER

Auf unserer Website www.nilpferd.at findet ihr zwei interaktive Sternenkarten, auf denen ihr alle Sternbilder, die in diesem Buch vorkommen, näher ansehen könnt. Oder ihr scannt einfach den folgenden Code.

Viele grundlegende Informationen zum Thema Astronomie findet ihr auf der Website der internationalen Astronomischen Union: www.iau.org und auf den Kinderseiten der Website der Europäischen Weltraumagentur ESA: http://www.esa.int/esaKIDSde/

Die Sternbilder des im jeweiligen Monat aktuellen Sternenhimmels könnt ihr euch hier genauer ansehen, auf der Website von Planetarium Wien, Kuffner- und Urania Sternwarte Wien, http://www.planetarium-wien.at/sternenhimmel.html Dort gibt es auch noch viel mehr Wissenswertes zum Weltall und zu unserem Sonnensystem.

Hergestellt in Österreich
Papier aus nachhaltigen Quellen

Bibliografische Information der Deutschen Bibliothek
Die Deutsche Bibliothek verzeichnet diese Publikation in der Deutschen Nationalbibliografie; detaillierte bibliografische Daten sind im Internet über http://dnb.d-nb.de abrufbar.

www.residenzverlag.at
www.nilpferd.at

Text: Traudi Reich
Illustrationen: Cathleen Wolter
Lektorat: Henriette Strohal
Grafische Gestaltung/Satz: Ulli Faber
Gesamtherstellung: Druckerei Theiss, St. Stefan im Lavanttal

ISBN 978-3-7017-2130-6

Südlicher Sternenhimmel

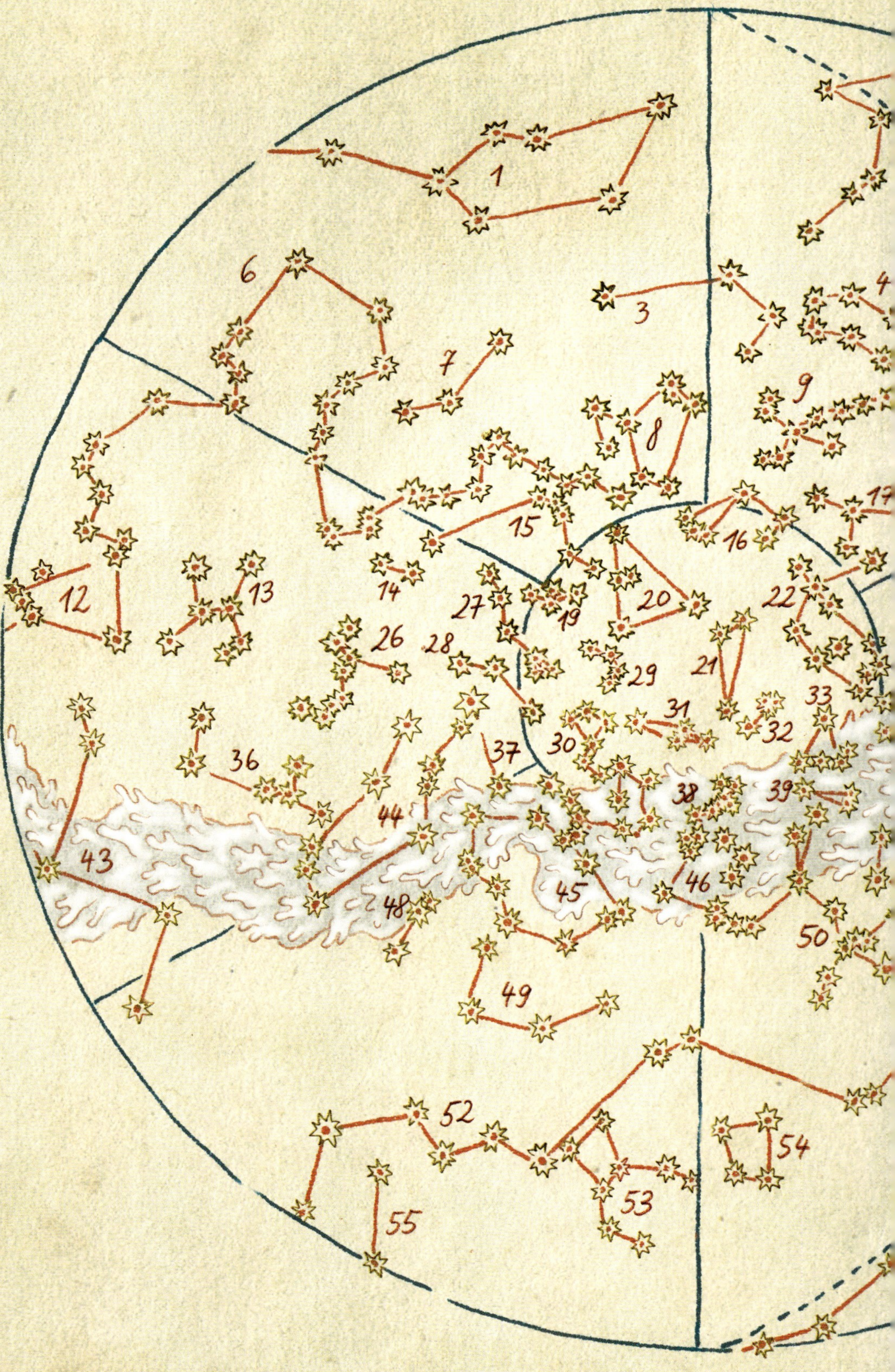

1 3 4 6 7 8 9 12 13 14 15 16 17 19 20 21 22 26 27 28 29 30 31 32 33 36 37 38 39 43 44 45 46 48 49 50 52 53 54 55